U0150399

薪火传承 再谱华章

——中国工程造价行业发展历程

中国建设工程造价管理协会　编

中国建筑工业出版社

图书在版编目（CIP）数据

薪火传承　再谱华章：中国工程造价行业发展历程／
中国建设工程造价管理协会编. —北京：中国建筑工业
出版社，2020.12（2021.1重印）
ISBN 978-7-112-25732-4

Ⅰ. ① 薪… Ⅱ. ① 中… Ⅲ. ① 建筑造价管理-研究-
中国 Ⅳ. ①TU723.3

中国版本图书馆CIP数据核字（2020）第250382号

责任编辑：范业庶
策划编辑：王　治
书籍设计：锋尚设计
责任校对：李美娜

薪火传承　再谱华章——中国工程造价行业发展历程
中国建设工程造价管理协会　编

*

中国建筑工业出版社出版、发行（北京海淀三里河路9号）
各地新华书店、建筑书店经销
北京锋尚制版有限公司制版
北京富诚彩色印刷有限公司印刷

*

开本：787毫米×1092毫米　1/16　印张：14½　字数：223千字
2020年12月第一版　　2021年1月第二次印刷
定价：128.00元
ISBN 978-7-112-25732-4
（36689）

编审委员会

顾　问：齐　骥　徐惠琴
主　审：杨丽坤
副主审：赵毅明　谭　华

编写委员会主任：王中和
编写委员会副主任：张兴旺
编写委员会委员：吴佐民　谢洪学　刘伊生　柯　洪　郭婧娟
　　　　　　　　刘　弘　金铁英　王海宏　沈维春　蒋传辉
　　　　　　　　吴雨冰　李　萍　王海娜　王玉珠　丛铭雪
　　　　　　　　王诗悦　佟笑丹

序

改革开放以来，为了适应社会主义市场经济需要，我国建设事业不断发展壮大，建筑业产值规模屡创新高，成为国民经济重要的支柱产业，对经济社会发展作出了突出贡献。工程造价管理作为工程建设经济运行活动的重要组成部分，其工作贯穿于项目前期投资决策以及工程建设全过程，事关项目投资效益、建设市场秩序以及各方利益。回顾工程造价行业的发展历程，经历了从计划经济向市场经济、从借鉴国外经验到建立符合我国国情的工程造价管理体系，经过不断探索、实践、改革和创新，形成了适应不同时期的工程造价管理体制、机制。这每一步都凝聚着工程造价行业工作者们的智慧和心血。

新起点，新征程！在中国建设工程造价管理协会成立30周年之际，凝聚行业各方力量，完成了这本记载工程造价行业发展历程、展现工程造价行业辉煌成就的纪念文集，是一项非常有意义的工作！总结经验，以史为鉴，对于进一步提升工程造价管理水平，推动中国工程造价行业健康发展大有裨益。

中国建设工程造价管理协会成立于我国由计划经济体制向社会主义市场经济体制转变的关键时期，历经三十年的发展，已经成为政府信任、行业信赖、会员信服的社会组织。三十年来，中国建设工程造价管理协会认真贯彻党和国家的各项方针政策，积极参与政策、法规制度研究，在政策对接、会员服务、信息咨询、人才培养、国际交流合作等方面都发挥了重要的作用，成为引领工程造价行业健康发展的一支重要的社会力量。

党的十八大以来，在以习近平同志为核心的党中央坚强领导下，党和国家事业发生历史性变革、取得历史性成就，中国特色社会主义进入新时代，我国经济正处在转变发展方式、优化经济结构、转换增长动力的攻关期，面临很多新矛盾、新问题、新挑战、新机遇、新目标、新任务。工程造价行业也处在面临改革和发展的关键时期，中国建设工程造价管理协会作为工程造价领域唯一的全国专业性社会组织，肩负着更加光荣而艰巨的历史使命。我们要认真总结三十年的发展经验，继续发扬敢于担当、勇于拼搏的精神，积极履行社会组织职责，充分发挥社会组织在提供服务、反映诉求、规范行为等方面的作用，砥砺奋进、扬帆破浪，绘就未来工程造价行业更加壮美的蓝图，为推动我国的经济建设发展做出更大的贡献！

杨丽坤

2020年10月

前言

　　中国建设工程造价管理协会在成立30周年之际，组织多方专家、学者编制了《薪火传承 再谱华章——中国工程造价行业发展历程》，本文集主要记载和反映了改革开放40年来，工程造价行业重要的工作和重大的公务活动，将发展过程中难以忘怀的记忆和值得回味的瞬间，呈现给广大工程造价行业的贡献者，对审视现在启迪未来具有重要的意义。

　　2019年底，我们开始策划纪念文集工作方案，并查阅、收集了大量的资料。2020年初，突如其来的新型冠状病毒肺炎疫情，打乱了我们的工作节奏。在时间紧、任务重且不能面对面交流情况下，参与编写工作的专家不辞辛劳、克服困难，利用互联网、电话、视频会议等方式开展工作，为这本纪念文集倾注了大量的心血和汗水，他们精益求精、反复推敲、数易其稿，圆满地完成了这次编写任务。在此，感恩大家的辛勤付出！

　　本纪念文集分为综述篇、专题篇、纪实篇三个部分。综述篇从宏观角度，全面回顾工程造价管理、工程造价咨询业等发展情况，并对未来的发展前景进行了展望。专题篇从工程计价机制的发展与改革、工程造价咨询业的发展与改革、造价工程师职（执）业资格制度的建立和完善、工程造价专业学历教育的设立和发展、工程造价行业国际交流与合作、工程造价鉴定与纠纷处理机制的建立与发展六个方面，记述主要工作的历史背景、发展脉络、产生的影响、发展现状及前景预期，意在重温历史记忆，感悟初心情怀，坚定发展决心。纪实篇则以大事记的记录手法，以时间轴的方式展示工程造价行业开展的主要工作、发布的主要文件、举办的重要活动和领导的重要讲话等，系统地描绘了工程造价行业的发展轮廓。三个部分相互联系、互为补充、相辅相成，从不同的角度全方位地展示了工程造价行业的发展历程。

以史为鉴知得失。中国的工程造价行业在探索中前行，在突破中创新。很荣幸，中国建设工程造价管理协会参与并见证了行业发展和壮大的过程。新的征程即将起航，中国建设工程造价管理协会将认真总结经验教训，坚守初心、砥砺前行，坚决贯彻落实党和国家的各项决策部署，充分发挥行业组织专业优势突出、资源整合能力强的优势，更好地服务政府、服务行业、服务会员，为工程造价行业的未来做出更大的贡献，谱写新时代工程造价行业发展新篇章！

本纪念文集再现了工程造价发展的历史脉络，希望能够起到引起共鸣、引发思考的作用。受时间、材料、认识所限，在编写过程中难免有疏忽或遗漏，敬请谅解指正。

编写委员会

2020年10月

目录

第一篇

综述篇

砥砺奋进　谱写辉煌

1983年8月，国务院批准在国家计委设立标准定额局（所）。次年，国家计委召开了全国工程建设标准定额工作会议，至此，掀开了改革开放后标准定额工作新的一页。为加强组织建设，各地方、各专业（部门）工程造价管理机构相继成立。1985年10月，中国工程建设标准化委员会概预算定额委员会在安徽成立。为了进一步调动社会各界的力量做好投资控制和工程造价管理工作，扩大国际交流与合作，1990年7月，经建设部同意，民政部批准，中国建设工程造价管理协会（以下简称中价协）成立，之后各地区、各专业也相继成立了工程造价管理协会。

多年来，在住房和城乡建设部标准定额司的领导下，标准定额研究所和中价协积极配合，各地方、各专业（部门）工程造价管理机构大力支持，全行业努力适应社会主义市场经济的发展要求，积极推动工程造价管理的发展与改革，开展了大量卓有成效的工作，促进了工程造价事业持续健康发展。

一、着眼改革大局，稳步推进工程价格属性的调整

（一）1985年以前的政府定价

中华人民共和国成立后，我国参照苏联基本建设管理制度建立了我国的基本建设管理制度和管理体系，其中工程概预算制度、工程定额管理制度是其重要内容。1985年以前，政府基本上是建设项目唯一的投

资主体，人工、建设产品和生产资料等要素价格均由政府确定并分配，这种高度统一的价格管理体制，决定了建筑产品不具市场经济的商品属性。在工程计价方面，国家是工程建设管理的主体，也是工程价格形成的决策主体，建设单位、设计单位、施工单位都按照国家有关部门规定的技术标准、工程定额、人员工资、材料价格和取费标准来计算并确定工程价格，建设单位与施工企业在工程结算时实行"多退少补"，不存在利益纷争，建筑工程的价格显然具有政府定价的属性。

（二）1985~2003年的政府指导价

改革开放以后，1984年9月18日，国务院发布了《关于改革建筑业和基本建设管理体制若干问题的暂行规定》（国发［1984］123号），该规定提出引入市场经济的做法，并提出了16项重大改革举措。包括：工程承包制；工程招标制；设计和施工单位企业化管理；改革建设资金管理办法——拨改贷；改变工程款结算办法——建筑安装企业向银行贷款，竣工后一次结算；改革建筑材料供应方式——国家重点项目所需的材料要优先保证（计划内供应），计划分配不足的部分，允许采购议价材料，所增加的费用，纳入总概算，以及住宅商品化、简化项目审批手续等。1985年1月，经国务院批准，国家物价局、物资局发布《关于放开工业品生产资料超产自销产品价格的通知》，取消了企业完成国家计划后生产资料产品销售不得高于国家牌价20%的限制。从此，计划外生产资料的自由交易取得合法地位。总的来说，改革是按照"以放为主"的思路不断减少对价格干预。国家提出了计划内、计划外生产资料价格的双轨制，打破了计划经济体制下统一价格的供给模式。

为吸引多方投资，国家提出了投资主体多元化、拨款改贷款等投资体制、资金管理制度、用地制度等改革举措，特别是住宅商品化。在此背景下，计划经济体制下形成的传统建筑产品价格形成机制和表现形式，已经不再适应市场经济体制和改革开放的发展要求。为了适应市场经济的需要，建设部标准定额司积极推进工程定额改革，提出了"量价分离"和"控制量、指导价、竞争费"的工程造价改革方向，这些措施初步建立了适应市场化的工程价格形成机制。这一阶段，建筑安装工程价格具有明显的政府指导价的特征。

（三）2003年以后，政府宏观调控下市场调节价机制基本形成

2001年11月10日，世界贸易组织（WTO）第四届部长级会议审议通过了中国加入世界贸易组织的申请，12月11日，我国正式成为世贸组织成员。2002年底，党的十六大召开，全会总结了改革开放取得的丰硕成果，明确"坚持以经济建设为中心，用发展的办法解决前进中的问题；坚持改革开放，不断完善社会主义市场经济体制，使市场在国家宏观调控下对资源配置起基础性作用，积极参与国际经济技术合作和竞争，不断提高对外开放水平"。

在此背景下，建设部积极作为，发动广大工程造价管理者和各方面技术骨干，积极适应市场化和国际化的发展要求，2003年2月27日，正式以国家标准形式发布了《建设工程工程量清单计价规范》（GB 50500-2003）。该规范的实施是工程造价管理体制改革的一项里程碑。从表面上看实行工程量清单计价，仅是工程量清单计价方式取代了传统的预算定额计价方式，并且它仍然要以工程计价定额作为组成建筑安装工程价格的支撑。但从根本上看，这种交易表现形式的变化，彻底改变了工程价格属性的形成机制。以预算定额为基础进行工程计价，其结果是在传统计价定额指导下确定工程造价，其价格属性具有政府指导价性质；实行工程量清单计价标志着建设工程价格从政府指导价向市场调节价的根本过渡。同时，工程量清单计价方式的实施，对规范建设市场计价行为和秩序，促进建设市场有序竞争和行业健康发展具有积极的意义。2008年和2013年，住房和城乡建设部两次对《建设工程工程量清单计价规范》进行了系统修订，其内容更加全面，可操作性更强，更加符合国情和改革发展趋势，使其执行力度进一步加大。

2014年，党的十八届三中全会通过了《中共中央关于全面深化改革若干重大问题的决定》，明确提出了"政府定位为法治政府和服务型政府；要进一步简政放权，使市场在资源配置中起决定性作用"。同年，住房和

城乡建设部发布了《关于进一步推进工程造价管理改革的指导意见》（建标［2014］142号）文件。提出：紧紧围绕使市场在工程造价确定中起决定性作用，转变政府职能，实现工程计价的公平、公正、科学合理，为提高工程投资效益、维护市场秩序、保障工程质量安全奠定基础。明确了到2020年，健全市场决定工程造价机制，建立与市场经济相适应的工程造价管理体系的具体目标。2020年，住房和城乡建设部办公厅又发布《关于印发工程造价改革工作方案的通知》（建办标［2020］38号），进一步要求：坚持市场在资源配置中起决定性作用，正确处理政府与市场的关系，通过改进工程计量和计价规则、完善工程计价依据发布机制、加强工程造价数据积累、强化建设单位造价管控责任、严格施工合同履约管理等措施，推行清单计量、市场询价、自主报价、竞争定价的工程计价方式，进一步完善工程造价市场形成机制。

多年来，工程造价管理改革积极与社会主义经济体制和改革发展的要求相适应，积极调整政府管理和服务方式，与时俱进，适应了国家经济建设的发展要求。

二、适应市场需求，工程造价管理制度改革逐步完善

（一）造价工程师职（执）业资格制度

1996年8月26日，人事部、建设部联合发布《造价工程师执业资格制度暂行规定》（人发［1996］77号），标志着造价工程师执业资格制度在我国正式实施。该暂行规定要求凡从事工程建设活动的建设、设计、施工、工程造价咨询、工程造价管理等单位和部门，必须在计价、评估、审查（核）、控制及管理等岗位配备有造价工程师执业资格的专业技术管理人员。并进一步明确了造价工程师考试、注册的有关要求，以及造价工程师的权利与义务。1996年，建设部与人事部配合，启动了造价工程师执业资格考试大纲和辅导教材的编写工作，在1997年试点考试的基础上，1998年造价工程师执业资格考试全面实施。

党的十八大后，国家取消了多项由部门或行业协会设立的职业资格。2016年1月20日，国务院印发了《国务院关于取消一批职业资格许可和认定事项的决定》（国发〔2016〕5号），取消了经原建设部授权、由中价协实施的全国建设工程造价员水平评价类职业资格。全国建设工程造价员资格取消后，住房和城乡建设部与人力资源社会保障部共同提出完善造价工程师执业资格制度。一是随着我国基本建设投资规模的不断增加，造价工程师总体数量已经不能满足市场多方主体需求；二是造价工程师层级设置单一，不能完全适应工程造价专业的特点和市场需求；三是造价工程师执业资格制度设置较早，没有考试实施办法，在报考条件、专业和内容设置等方面也需要与时俱进。2016年12月，人力资源社会保障部按照国务院的要求公布了《国家职业资格目录清单》，职业资格目录清单151项，其中，专业技术人员职业资格58项，技能人员职业资格93项。根据目录清单，造价工程师资格纳入国家职业资格目录清单，类别为准入类，由四个部门共同实施。2018年7月20日，住房和城乡建设部、交通运输部、水利部、人力资源社会保障部共同发布了《关于印发〈造价工程师职业资格制度规定〉〈造价工程师职业资格考试实施办法〉的通知》（建人〔2018〕67号），建立了全国统一的造价工程师管理制度。明确了国家设置造价工程师准入类职业资格，纳入国家职业资格目录。首次将造价工程师分为一级造价工程师和二级造价工程师。住房和城乡建设部、交通运输部、水利部、人力资源社会保障部共同制定造价工程师职业资格制度，并按照职责分工负责造价工程师职业资格制度的实施与监管。各省、自治区、直辖市住房城乡建设、交通运输、水利、人力资源社会保障行政主管部门，按照职责分工负责本行政区域内造价工程师职业资格制度的实施与监管。同时，造价工程师执业资格也相应改为职业资格。《国家职业资格目录清单》《造价工程师职业资格制度规定》是造价工程师职业资格制度的基础，也是全国造价工程师实施注册管理制度的前提。2018年9月，为做好造价工程师职业资格制度与原全国建设工程造价员的衔接工作、落实有关文件精神，中价协发布了《关于全国建设工程造价员有关事项的通知》，明确了全国建设工程造价员资格证书的效用和有效期限，各级造价管理协会后续工作，造价员参加二级造价工程师考试免考基础科目及后续专业学习等五个事项。

（二）工程造价咨询企业管理制度

1996年3月6日，为规范工程造价中介组织行为并充分发挥其作用，保障其依法进行经营活动，维护建设市场的经济秩序，建设部发布了《关于印发〈工程造价咨询单位资质管理办法（试行）〉的通知》（建标〔1996〕133号），工程造价咨询单位管理制度应运而生。随着社会主义市场经济体制改革的不断深化，我国经济鉴证类社会中介机构发展迅速，但其执业过程中也存在一些突出问题。随着脱钩改制的完成，再次确立了工程造价咨询企业的中立地位，并于2000年，建设部首次以部令形式发布《工程造价咨询单位管理办法》（建设部令第74号），后历经多次修订，2020年住房和城乡建设部对《工程造价咨询企业管理办法》（建设部令第149号）又进行了重大调整。对工程造价咨询企业资质的认定以部令的形式予以发布，为工程造价咨询业的健康发展奠定了基础，满足了国家工程建设高速发展的需求，也促进了工程造价专业整体实力的全面提升。

《工程造价咨询企业管理办法》要求工程造价咨询企业应依法取得资质，并在资质等级许可范围内从事工程造价咨询活动。工程造价咨询企业从事工程造价咨询活动，应当遵循独立、客观、公正、诚实信用的原则，不得损害社会公共利益和他人的合法权益。同时，任何单位和个人不得非法干预依法进行的工程造价咨询活动，国家鼓励工程造价咨询企业加入工程造价行业组织，接受行业自律。

2020年，为适应工程建设组织模式变革，向全过程工程咨询业务拓展，工程造价咨询企业资质不再强调由注册造价工程师出资，并进一步降低了工程造价咨询企业的准入门槛，重新修订并发布了《工程造价咨询企业管理办法》，还对合同管理、成果管理、备案管理、信用管理等提出了其他要求。

（三）工程量清单计价制度

2003年，建设部发布了《建设工程工程量清单计价规范》（GB 50500-2003），标志着工程量清单计价制度在我国开始落地实施。2013年12月11日，住房和城乡建设部发布了《建筑工程施工发包与承包计价管理办法》（住房和城乡建设部令第16号），该办法进一步明确：全部使用国有资金投资或者以国有资金投资为主（简称国有资金投资）的建筑工程应当采用工程量清单计价；非国有资金投资的建筑工程，鼓励采用工程量清单计价。

在市场经济体制下，只有通过市场竞争形成工程价格，实现企业自主报价，才能进一步激发市场活力，实现企业创新发展。工程量清单计价制度不仅符合《招标投标法》和《合同法》的基本原则和立法精神，也便于使用国有资金投资的建设工程在国家有关规定和标准的基础上实现更有效的监管。对非国有资金投资的工程项目而言，是否采用工程量清单计价方式由项目业主自主确定。但是，鼓励采用工程量清单计价方式，可以引导市场主体尊重合同自治，维护建筑市场秩序，减少工程经济纠纷。

工程量清单计价制度即由招标人发布工程量清单，投标人依据发布的招标工程量清单进行报价，据此择优确定中标人（承包人），并将该承包人的已标价工程量清单作为合同内容的一部分，其作用将贯穿于工程施工及合同履约的全过程，包括以此来进行合同价款的确定、预付款的支付、工程进度款的支付、合同价款的调整、工程变更和工程索赔的处理，以及竣工结算和工程款最终结清等。

工程量清单计价制度是我国工程造价管理改革的一项最重要的制度，既有技术要求，还有管理要求。推行工程量清单计价是实现建筑产品市场调节价格属性的重要改革举措。要求在国有资金投资的建筑工程上强制采用工程量清单计价，这有利于实现对国有资金投资的透明交易、公平对价、有效监管、预防腐败，也可以总结经验，完善办法和规则，起到示范和导向作用。

（四）最高投标限价制度

2008年，在《建设工程工程量清单计价规范》修订时，引入了招标控制价。2013年，《建筑工程施工发包与承包计价管理办法》依据《招标投标法》，进一步明确了最高投标限价。该办法要求：国有资金投资的建筑工程招标的，应当设有最高投标限价。对于非国有资金投资的建筑工程招标的，可以设有最高投标限价或者招标标底。最高投标限价及其成果文件，应当由招标人报工程所在地县级以上地方人民政府住房城乡建设主管部门备案。

最高投标限价制度主要内容有：一是对国有资金投资的建筑工程而言，应按照国家的有关规定编制最高投标限价；二是当最高投标限价超过批准的概算时，应重新审核；三是当投标人投标报价高于招标控制价时，投标人的投标将被拒绝。

最高投标限价制度是与工程量清单计价制度相配套的。其目的：一是防止"高价围标"和"低价诱标"，进一步实现公平交易；二是替代需要保密的标底管理形式；三是投标人可对压低或不按国家有关规定编制的招标控制价进行质疑，防止个别招标人利用主体优势通过压低招标控制价，来恶意压低中标价的现象。

为进一步发挥市场在资源配置中的决定性作用，2020年，住房和城乡建设部办公厅发布的《关于印发工程造价改革工作方案的通知》要求："取消最高投标限价按定额计价的规定，逐步停止发布预算定额""引导建设单位根据工程造价数据库、造价指标指数和市场价格信息等编制和确定最高投标限价"，进一步完善工程造价市场形成机制。

（五）工程结算审查制度

《建筑工程施工发包与承包计价管理办法》建立了工程结算审查制度。该办法要求：建设工程完工后，应当按照下列规定进行竣工结算：1.承包方应当在工程完工后的约定期限内提交竣工结算文件。2.国有资金投资建筑工程的发包方，应当委托具有相应资质的工程造价咨询企业对竣工结算文件进行审核，并在收到竣工结算文件后的约定期限内向承包方提出由工程造价咨询企业出具的竣工结算文件审核意见；逾期未答复的，按照合同约定处理，合同没有约定的，竣工结算文件视为已被认可。非国有资金投资的建筑工程发包方，应当在收到竣工结算文件后的约定期限内予以答复，逾期未答复的，按照合同约定处理，合同没有约定的，竣工结算文件视为已被认可；发包方对竣工结算文件有异议的，应当在答复期内向承包方提出，并可以在提出异议之日起的约定期限内与承包方协商；发包方在协商期内未与承包方协商或者经协商未能与承包方达成协议的，应当委托工程造价咨询企业进行竣工结算审核，并在协商期满后的约定期限内向承包方提出由工程造价咨询企业出具的竣工结算文件审核意见。发承包双方在合同中对工程结算的编制与审核期限没有明确约定的，应当按照国家有关规定执行，国家没有规定的，可认为其约定期限均为28日。

上述内容是对工程结算审查制度的全面阐述，工程结算审查制度不仅是防止工程款拖欠的重要制度，也是保证招标投标制度、工程量清单计价制度、招标控制价制度等有效落实的重要举措。同时，要求国有资金投资建筑工程的发包方，应当委托具有相应资质的工程造价咨询企业对竣工结算文件进行审核，以加强对国有资金投资工程的工程造价管理。

（六）工程造价鉴定制度

工程造价鉴定是指鉴定机构接受人民法院或仲裁机构委托，在诉讼或仲裁案件中，鉴定人运用工程造价方面的科学技术和专业知识，对工程造价争议中涉及的专门性问题进行鉴别、判断并提供鉴定意见的活动。

《司法鉴定程序通则》第四十七条规定"本通则是司法鉴定机构和司法鉴定人进行司法鉴定活动应当遵守和通用的一般程序规则，不同专业领域对鉴定程序有特殊要求的，可以依据本规则制定鉴定程序细则"。依据上述原则要求，《工程造价咨询企业管理办法》第二十条规定"工程造价咨询业务范围包括工程造价经济纠纷的鉴定和仲裁的咨询"；《注册造价工程师管理办法》第十五条规定"一级注册造价工程师执业范围包括建设工程审计、仲裁、诉讼、保险中的造价鉴定，工程造价纠纷调解"；《建筑工程施工发包与承包计价管理办法》第二十条规定"造价工程师编制工程量清单、最高投标限价、招标标底、投标报价、工程结算审核和工程造价鉴定文件，应当签字并加盖造价工程师执业专用章"，也进一步要求造价工程师编制工程造价鉴定文件，应当签字并加盖造价工程师执业专用章。

（七）工程造价纠纷调解制度

建立工程造价纠纷调解制度的目的是避免工程纠纷过多地进入诉讼程序，降低工程造价纠纷的处理费用、化解承发包双方的矛盾、尽快完成工程结算。尽管我国法律对调解有具体建议，并支持多元化的纠纷解决机制，但是法律并未规定调解主体，目前大多工程法律界的专业人士认为，工程纠纷的调解主体以有关工程造价管理机构和行业组织为宜。因此根据《中华人民共和国合同法》等有关法律法规的基本精神，《建筑工程施工发包与承包计价管理办法》引入了工程造价纠纷调解制度，明确了工程造价纠纷的调解主体，即有关工程造价管理机构或者有关行业组织，旨在鼓励工程造价纠纷调解制度和调解主体的建立。目前，工程造价管理机构、中价协、各地协会的工程造价调解工作正在有条不紊地开展。

（八）全过程工程造价咨询制度

工程造价咨询制度实施后，工程造价咨询企业积极适应市场需求，在政府部门政策引导下，工程造价咨询业务成果得到了各方认可，已成为工程建设投资管控和工程审计的有效手段，特别是在推广建设项目全过程造价管理方面取得了良好的效果，因此，鼓励建设单位推行建设项目全过程造价控制是加强投资项目工程造价的有效控制，完善投资管理体制，提高投资效益的重要措施。

2009年，为推动建设项目全过程工程造价管理咨询，中价协发布了

《建设项目全过程造价咨询规程》（CECA/GC 4-2009）。该《规程》提出："建设项目全过程工程造价管理咨询的任务是依据国家有关法律、法规和建设行政主管部门的有关规定，通过对建设项目各阶段工程的计价，实施以工程造价管理为核心的项目管理，实现整个建设项目工程造价有效控制与调整，缩小投资偏差，控制投资风险，协助建设单位进行建设投资的合理筹措与投入，确保工程造价的控制目标"。全过程工程造价咨询越来越受到业主的欢迎。

上述工程造价管理制度的建立，不仅明确了我国工程造价管理的地位和作用，也为提高投资效益、规范市场秩序提供了保障。

三、中国特色的工程造价管理体系初步建立

2011年，住房和城乡建设部标准定额司发布《工程造价行业发展"十二五"规划》，规划首次提出了"要构建以工程造价管理法律、法规为制度依据，以工程造价标准规范和工程计价定额为核心内容，以工程计价信息为服务手段的工程造价管理体系"的总体思路。为适应社会主义市场经济体制，多年来，标准定额研究所、中价协以及各地方、各专业（部门）工程造价管理机构、协会等单位积极落实国家各项改革措施，配合住房和城乡建设部积极推进工程造价管理改革，依托全行业力量积极构建中国特色的工程造价管理体系。

（一）工程造价管理规章制度体系

工程造价管理规章制度体系主要指工程造价管理的部门规章和部门文件。在部门规章建设上，一方面，我们在造价工程师执业资格制度实施后制定了《造价工程师注册管理办法》和《工程造价咨询企业管理办法》，完善了造价工程师执业资格制度和工程造价咨询企业管理制度。另一方面，2003年，建设部发布《建设工程工程量清单计价规范》，建立了工程量清单计价制度后，建设部2001年发布的《建筑工程施工发包与

承包计价管理办法》（建设部令第107号）已经不再适应行业发展要求，2008年，开始全面启动对该办法的修订工作，2013年住房和城乡建设部以第16号部令发布《建筑工程施工发包与承包计价管理办法》，该办法全面梳理了我国的工程造价管理制度，明确了造价工程师和工程造价咨询企业在发承包计价工作的主要要求，夯实了造价工程师职业资格制度、工程造价咨询企业管理制度，同时进一步明确了工程量清单计价制度、最高投标限价制度、工程结算审查制度、工程造价鉴定制度、工程造价纠纷调解制度和全过程工程造价咨询制度，使工程造价管理制度建设进一步加强。

在规范性文件建设上，住房和城乡建设部联合财政部制定了《建设工程价款结算暂行办法》《建筑安装工程项目与费用组成》等规范性文件，并围绕资质、资格管理，定额、信息管理制定了《建设工程定额管理办法》等。此外，各地方、各专业（部门）亦依据国家的法律法规和建设行政主管部门的行业规章，建立了自身发展需要的地方法规、行业规章等。

尽管我国工程造价管理的制度建设取得了一定的进展，但工程造价管理仍然缺乏上位法的支撑。多年来，在住房和城乡建设部标准定额司的推动下，中价协持续开展《建设工程造价管理条例》立法的前期研究工作。广大的工程造价管理者应不懈努力，继续推进工程造价管理上位法的建设。

（二）工程造价管理标准体系

工程造价管理标准体系泛指除以法律、法规进行管理和规范的内容外，以国家标准、行业标准进行规范的工程管理和工程造价咨询行为，以及保证工程质量的有关技术内容。经过近十年的努力，工程造价管理的各项技术标准初步完善，工程造价管理标准体系基本建立。

1. 基础标准

2013年，住房和城乡建设部颁布《工程造价术语标准》（GB/T 50875-2013）。该标准是工程造价管理最基础的标准，目的是统一和规范工程造价术语，也是规范工程建设各方对工程造价、工程计价、工程造价管理等基本认识的重要基础。2009年，《建设工程计价设备材料划分标准》（GB/T 50531-2009）颁布实施，该标准是针对工程计价中的设备材料的划分而制订的，以规范设备购置费、建筑安装工程费的分类。明确工程造价费用构成是开展建设工程造价管理工作的基础，我国以部门文件形式发布《建筑安装工程费用项目组成》，但其本质上是工程造价管理的基础标准，目前执行的是2013年住房和城乡建设部、财政部联合发布的《建筑安装工程费用项目组成》（建标〔2013〕44号），该费用项目组成的前身是2003年建设部、财政部联合发布的《建筑安装工程费用项目组成》（建标〔2003〕206号），再上一版是建设部、中国人民建设银行《关于调整建筑安装工程费用项目组成的若干规定》（建标〔1993〕894号），还可以溯源到1985年，国家计委、中国人民建设银行印发的《关于建筑安装工程费用划分暂行规定》（计标〔1985〕352号），以及1978年，国家建委、财政部印发的《建筑安装工程费用项目划分暂行规定》〔（78）建发施字第98号〕。该文件的多次修订，也足以说明该文件的重要地位。目前，《建筑安装工程费用项目组成》未完全涵盖整个工程造价，因此非常有必要制订权威性的《建设工程造价费用构成通则》，以标准的形式规范工程造价中各类费用的构成及其含义、基本计算方法等，并以通则的形式对各类工程费用构成加以明确和规定，形成完善清晰的工程造价构成项目划分和费用内容。

2．管理性规范

2003年开始实施《建设工程工程量清单计价规范》（GB 50500-2003），历经两次修订日渐完善。2013年在修订时将工程量计算部分单独成册，形成了《房屋建筑与装饰工程工程量计算规范》（GB 50854-2013）、《仿古建筑工程工程量计算规范》（GB 50855-2013）、《通用安装工程工程量计算规范》（GB 50856-2013）等9册工程量计算规范。除此之外，住房和城乡建设部还于2007年颁布了《建筑工程建筑面积计算规范》（GB/T 50353-2005）、《水利水电工程工程量清单计价规范》（GB 50501-2007）。上述规范满足了工程量清单计价和施工阶段工程量计算的要求。

2015年，住房和城乡建设部还颁布《建设工程造价咨询规范》（GB/T 50195-2015）。目的是统一工程造价咨询管理的原则要求，以及工程造价咨询活动的内容、项目管理和组织要求，编制各类成果文件的深度要求、表现形式等内容，对规范工程造价咨询成果质量起到了积极的促进作用。

3．操作性规程

2007年开始，中价协陆续发布更为详细的各类成果文件编审的操作规程，主要有：2007年发布《建设项目投资估算编审规程》（CECA/GC 1），该规程2015年再版更新；2007年发布《建设工程设计概算编审规程》（CECA/GC 2），该规程2015年再版更新；2010年发布《建设工程施工图预算编审规程》（CECA/GC 5）；2007年发布《建设工程结算编审规程》（CECA/GC 3），2010年进行了系统修订，2014年该规程又列入了国家标准编制计划，现已完成全部编制工作流程；2013年发布《建设项目竣工决算编审规程》（CECA/GC 9）、《建设工程招标控制价编审规程》（CECA/GC 6）；2013年发布《建设工程造价鉴定操作规程》，该标准于2014年纳入了国家标准编制计划，并于2017年正式以国家标准形式发布，更名为《建设工程造价鉴定规范》（GB/T 51262-2017）；2009年发布《建设项目全过程造价咨询规程》（CECA/GC 4），该规程于2017年进行了系统修订，这也是我国最早发布的涉及建设项目全过程工程咨询的技术标准。 2017年，国务院发布的《关于促进建筑业持续健康发展的意见》（国办发［2017］19号）中提出推行全过程工程咨询，工程造价咨询企业在开展该类业务中赢得了先机。

4．质量管理标准

2013年，中价协发布《建设工程造价咨询成果文件质量标准》（CECA/GC 7）。该标准的编制目的是对工程造价咨询成果文件和过程文件的组成、表现形式、质量管理要素、成果质量标准等进行规范。

5．信息管理规范

2013年，住房和城乡建设部发布实施《建设工程人工材料设备机械数据标准》（GB／T 50851-2013）。2018年，发布实施《建设工程造价指标指数分类与测算标准》（GB/T 51290-2018）。目前在数字化和信息化背景下，开始构建信息管理类技术标准。

在住房和城乡建设部标准定额司的大力支持下，中价协积极参与国家标准的编制，努力推进行业标准、规程的发布和应用，这些标准对夯实专业技术基础，拓展工程造价咨询的业务，提高工程造价咨询成果的质量，规范注册造价工程师的执业行为，以及进行行业监管，提供了可靠的技术支持，也为构建造价工程师职业教育的知识体系奠定了基础。

（三）工程计价定额体系

工程计价定额是用于工程计价的定额或指标，包括预算定额、概算定额、概算指标和投资估算指标等。我国的工程计价定额体系依据建设工程的阶段不同，纵向划分为估算指标、概算定额和预算定额；按照建设项目的性质不同又分为全国统一的房屋建筑及市政工程、通用安装工程计价定额，此外还包括铁路、公路、冶金、建材等各专业工程计价定额，地方的房屋建筑及市政工程、通用安装工程计价定额，不同的计价定额是建设项目不同阶段确定工程价格和计算工程造价的依据。多年来，工程计价定额已经成为独具中国特色的中国工程计价依据，庞大工程计价定额体系也是我国工程管理的宝贵财富。同时，工程计价定额也是科学计价的最基础资料，无论采用何种计价方式，工程的成本管理均离不开定额在工料计划与组织方面的基础性作用。据统计，截至2019年7月，全国31个省市及自治区现行定额共计1220册，其中估算指标29册，概算定额110册，预算定额742册，维修养护定额130册，主题定额76册，工期定额7册，费用定额126册。

从20世纪50年代，我国开始推行概预算定额制度，并建立了概预算定额体系。特别是预算定额，它是工程建设中的一项重要的技术经济文件，它强调完成规定计量单位并符合设计标准、施工及验收规范要求的分项工程人工、材料、机械台班的消耗量标准。该消耗量受技术进步和经济发展的制约，在一定时期内是相对稳定的。预算定额是以消耗量为核心，反映在合理的施工组织设计、正常施工条件下、生产一个规定计量单位合格产品所需的人工、材料和机械台班的社会平均消耗量标准，该计量单位一般以一个分项工程或一个分部工程为对象。预算定额的消耗量与构成预算定额的人工、材料、机械台班的价格构成预算定额单价，为了管理和计价方便，在预算定额发布的同时，也要编制适时的人工、材料、机械台班的预算单价。施工图预算不仅是判断设计是否合理、进行优化设计和工程造价控制的重要方法。同时，也是确定建筑安装工程承发包价格的重要参考，也是进行工程分包、编制施工组织设计、处理工程经济纠纷、进行工程结算等的参考依据。

但是，随着市场经济体制的完善和信息技术的发展，原有定额的编制方法已经不能适应数字技术的发展要求，因此，2020年，住房和城乡建设部办公厅《关于印发工程造价改革工作方案的通知》（建办标〔2020〕38号）明确"加快转变政府职能，优化概算定额、估算指标编制发布和动态管理，取消最高投标限价按定额计价的规定，逐步停止发布预算定额"。因此，我们既要积极改进工程定额的编制方法，更重要的是要发动企事业单位和社会组织的力量来编制及时、准确、动态、可无限扩展的定额或数据库，努力适应科学技术和经济体制的发展要求。

（四）工程计价信息体系

工程计价信息是指国家、各地方、各专业（部门）工程造价管理机构、行业组织以及信息服务企业发布的，用于指导或服务建设工程计价的工程造价指数、指标、要素价格信息、典型工程数据库（典型工程案例）等。工程计价信息体系具体包括：建设工程造价指数，建设工程人工、设备、材料、施工机械价格要素价格信息，综合指标信息等。建设工程造价指数包括：国家或地方的房屋建筑工程、市政工程造价指数，以及各行业的各专业工程造价指数。建设工程要素价格信息即建筑安装工程人工价格信息、材料价格信息、施工机械租赁价格信息、建设工程设备价格信息等。建设工程综合指标信息包括：建设项目的综合造价指标、单项工程的综合指标、单位工程的指标、扩大分部分项工程指标和分部分项工程指标。建设工程综合指标信息可以以平均的综合指标表示，也可以以典型工程数据库形式表示。

多年来，全国各地方、各专业（部门）工程造价管理机构发布了大量的工程计价信息，基本满足了国家经济建设的要求。为了进一步完善工程造价市场形成机制，住房和城乡建设部办公厅《关于印发工程造价改革工作方案的通知》（建办标〔2020〕38号）明确"鼓励企事业单位通过信息平台发布各自的人工、材料、机械台班市场价格信息，供市场主体选择"，这将进一步激发市场活力，也将为市场经济体制下，信息作为新的生产资源或生产要素，为及时、准确的供给和交易提供重要的基础。

工程造价管理体系并非是一成不变的。我国仍然处于社会主义市场经济体制完善时期，在市场经济体制、基本建设管理体制调整过程中，我国的工程造价管理体制不断适应其发展需要，进行完善、调整、传承与发展。随着市场经济的进一步完善，政府应加强工程造价管理法律法规体系和工程造价管理标准体系的建设，逐步将工程计价定额体系和工程计价信息体系的建设交给社会组织和市场。一个专业要发展的前提，一是要有能够服务于社会、被社会认同和接受的完善知识结构，并持续为社会创造价值；二是要有支撑行业发展要求的法律法规、技术标准和核心技术内容。工程造价工作者应进行不懈地努力，打造一个与北美工程造价管理体系、英联邦的工料测量体系一样具有国际影响力的中国工程造价管理体系。

四、以造价工程师为核心的人才培养体系基本形成

多年来，在政府主管部门正确指导和行业协会、院校及企业共同努力下，培养了大量工程造价应用型和管理型人才。

（一）造价工程师职（执）业资格制度奠定了人才培养基础

1993年初，建设部标准定额司审时度势，根据中央和国家有关实行

执业资格制度的精神，以及国务院关于重视和解决工程建设"三超"问题的指示，为了适应市场经济体制的发展需要，确保建设工程事业健康发展，维护国家和社会公共利益，从根本上提高工程造价专业技术人员专业素质，参照国际专业人员准入管理惯例，向建设部职业资格制度工作领导小组提出"关于设置造价工程师执业资格的建议"。1994年，建设部职业资格制度工作领导小组制定的《1995—1999年职业资格工作实施意见》，将造价工程师职业资格制度纳入首批统一规划项目。经过大量的论证和协调工作，造价工程师职业资格制度得以建立并付诸实施。

造价工程师职业资格考试制度，为造价工程师在满足特定条件下的准入和专业知识体系提出了明确的要求，也保证了工程造价专业人才的知识结构和基本能力。与此同时，依据《注册造价工程师管理办法》《注册造价工程师继续教育管理办法》，中价协会同各地、各专业相应继续教育管理机构，不断探索继续教育的形式与内容，造价工程师继续教育内容涉及技术、经济、管理、法律等各个方面，基本满足了专业人才继续教育、造价工程师持续学习、不断更新专业知识的需求。

（二）实现了高等教育与职业教育学科建设互为衔接

为了建立工程造价专业人才的培养机制，行业内的领导和专家，不断借鉴国内外职业资格制度教育方面的先进经验，积极完善学历教育、继续教育和素质教育等方面的制度措施，探索形成了可持续的系统性、经常性和有针对性的人才培养培训体系。2015年，在住房和城乡建设部高等学校工程管理和工程造价学科专业指导委员会的指导，以及中价协的积极协助下，《高等学校工程造价本科指导性专业规范》予以颁布，2019年，工程造价专业纳入住房和城乡建设部高等教育本科学历教育评估体系。同时，在住房和城乡建设部的指导和支持下，全国各级行业协会积极加强与高校的联动，配合有关部门开展高等院校工程造价专业认证工作，通过技能竞赛、实习基地、毕业生双选会等多种方式，推进学科建设和实践教学指导，推动校企加强合作，探索产学研一体化机制。通过充分调动社会各界积极性，提升人才队伍整体水平，较好地实现了理论与实践相结合、职业教育与高等教育相衔接。

（三）各级协会积极发挥作用对人才培养形成了有益补充

为了适应工程造价管理改革需要，建设一支规模适度、结构合理、素质优良的工程造价专业人才队伍。中价协在学历教育、职业教育的基础上，积极推动对高端人才的培养工作，在积极配合有关部门开展高等院校工程造价专业认证工作的基础上，通过高端论坛、国际交流、面授、网络课程等多样化的培训形式，提供分层分级的人才培养服务，不断拓展从业人员专业素养对新政策、新制度、新技术、新业务等相关知识课程，充实从业人员专业素养、职业道德、职业纪律、心理素质等方面的培训内容。2015年，为促进工程造价行业的可持续性发展，发挥行业领军人才的示范带头和人才培养等方面的作用，提升行业影响力，根据《中国建设工程造价管理协会章程》及《中国建设工程造价管理协会个人会员管理办法（试行）》等有关文件规定，中价协开展了首批资深会员的认定工作，对行业内工作业绩显著，在工程造价管理领域内具有较高声望的专家；具备较强的理论研究能力或管理能力，为行业发展和协会建设做出较大贡献的专业人士；有较突出贡献的工程造价咨询企业负责人或技术负责人进行了资深会员认定。截至目前，共认定了5次，资深会员1779人。中价协资深会员管理制度不仅厘清了专业人士的层次，促进了资深会员带动行业健康发展，也构建了另一条符合国际惯例的专业人员的认定路径。

五、工程造价咨询业持续健康发展

（一）大力培育工程造价咨询业

为适应市场经济体制的发展要求，以及投资主体多元化的发展态势，我国生产要素价格由市场确定逐渐取代了政府定价。与此同时，国家计委发布了《〈关于控制建设工程造价的若干规定〉的通知》（计标

［1988］30号），该文件构建了工程造价管理的体系框架，推动了工程造价咨询业务的开展，由此，工程造价咨询机构也应运而生。在建设部标准定额司的不断努力和持续推动下，在1996年《工程造价咨询单位资质管理办法（试行）》（建标［1996］133号）的基础上，2000年《工程造价咨询单位管理办法》（建设部令第74号）正式以部令形式予以颁布，奠定了工程造价咨询企业规范管理的基础，也为中国工程造价咨询业的发展迎来了历史机遇。工程咨询业企业家和广大执业人员学习、借鉴国际工程造价管理理论、技能和方法，充分抓住国内基本建设高速发展的有利时机，直面市场竞争，走出了一条适合中国国情的发展之路。一批有实力的工程造价咨询企业脱颖而出，造价工程师中已经形成了一批既有理论水平，又有实践经验，懂技术、通经济、擅长管理的技术骨干。

随着社会主义市场经济体制改革的逐步深化，我国经济鉴证类社会中介机构发展迅速，在服务社会主义经济建设，维护正常的经济秩序，适应政府职能转变等方面发挥了重要作用，但经济鉴证类社会中介机构在发展过程中也存在着乱执业等突出问题，背离了独立、客观、公正的行业特性，严重影响了其作用的发挥，甚至干扰了正常的社会经济秩序。为促进经济鉴证类社会中介机构健康发展，充分发挥其维护市场经济秩序的积极作用，经国务院批准，决定对经济鉴证类社会中介机构进行脱钩改制。随着脱钩和改制的完成，我国初步建立了符合社会主义市场需求的工程造价管理竞争秩序和自律性运行机制，进一步提升了造价工程师的执业地位，推动了工程造价咨询机构独立、客观、公正地执业，使工程造价咨询机构真正成为自主经营、自担风险、自我约束、自我发展、平等竞争的经济实体，推动了工程造价咨询业迈入执业化发展轨道，确立了工程造价咨询业的独立地位。

（二）工程造价咨询业发展成就喜人

据《2019年工程造价咨询统计公报》，全国共有8194家工程造价咨询企业，从业人员586617人，其中注册造价工程师94417人；企业全年营业收入为1836.66亿元，其中工程造价咨询业务收入892.47亿元，实现利润总额210.81亿元。经过20多年的发展，工程造价咨询企业和造价工程师服务于建设工程各个领域，工程造价咨询企业已经成为发改、财政投资管理，投资或建设单位价值管理，施工单位成本管理，审计部门工程审计，以及保险理赔、银行贷款等不可或缺的重要力量。

（三）工程造价咨询业向更高质量发展

目前，在各类建设项目中，均能看到工程造价咨询企业和造价工程师的身影，造价工程师在南水北调、西气东输、三峡工程、京沪高铁、港珠澳大桥等国家级的重大建设项目中，发挥着价值管理、投资与成本控制、绩效管理与审计等方面的重要作用。2009年中价协发布《建设项目全过程工程造价咨询规程》（CECA/GC 4-2009）后，"以造价管理为核心的全面项目管理"理念广为社会认可与接受，工程造价咨询企业的全过程造价咨询业务收入已经超过全部业务收入的三分之一。例如，上海中心大厦、中国尊等地标项目的全过程造价咨询均获得建设单位的好评；工程造价咨询企业不仅服务于三峡水电工程、溪洛渡水电工程，还深入到了"长江大保护"建设新能源、新生态开发工程；在政府重大场馆工程建设和援建工程中，也都有工程造价咨询企业的身影，援建新疆的代建工程，通过专项账户直接负责工程款的支付；在市场化更充分的房地产开发项目中，工程造价咨询企业通过大量的数据积累为建设单位提供精准、高质量的市场化服务。这些亮点，进一步说明工程造价咨询业已经迈入高质量发展阶段。

（四）加强诚信体系铸造行业公信力

为贯彻落实民政部等八部委联合发布的《关于推进行业协会商会诚信自律建设工作的意见》，多年来，中价协积极配合住房和城乡建设部标准定额司以制度建设和平台建设为重点，按照"放管服"要求，稳步推进工程造价咨询行业的诚信体系建设。

为了应对行政审批制度改革后的行业自律管理，中价协在开展"工程造价咨询企业诚信体系建设课题研究"的基础上，结合目前工程造价咨询企业发展现状、行业自律以及国家简政放权的精神，制定了《工程造价咨询行业信用体系建设实施方案》，对行业信用体系建设提出了总体规划，并以此为基础不断完善信用体系建设的相关制度。同时，中价协信用评价工作开展试点，按照统一要求，积极筹备，统一思想，陆续开展评价工作，各地方、各专业工程造价咨询企业积极响应，试点省（市）企业参评率高达80%，取得了非常好的效果。通过试点，工程造价行业信用体系建设工作迈出了实质性的一步，信用评价工作得到了社会的认可和采信。

六、组织建设不断加强

（一）工程造价管理机构建设稳步推进

1983年，国家计委标准定额局（所）成立后，各地方、各专业（部门）纷纷开始组建标准定额处（站），至1985年底，各地方、各专业（部门）的标准定额处（站）基本组建完成，为行业的组织建设奠定了基础。在国家层面，住房和城乡建设部标准定额司领导标准定额研究所、中价协形成了高效协同、紧密联动的工作机制，保证了部中心工作和行业发展事业的顺利实施。同时各地方、各专业（部门）工程造价管理机构积极配合标准定额司、标准定额研究所相关工作，中价协与各地方协会形成了相互支持的联动机制，使工程造价管理工作在行业内能够快速落实与实施，全行业形成了交流顺畅、合作紧密、行动一致的工作氛围。

各地方、各专业（部门）按照工程造价管理改革的要求，积极发挥管理与服务的双重职能，保证了各项工程造价管理改革措施的落地，同时，按照住房和城乡建设部的相关要求，积极推进了造价工程师职业资格制度、工程造价咨询企业管理制度、工程量清单计价制度的实施与调整。

（二）工程造价行业社会组织建设基本完善

1992年，党的十四届三中全会通过了《中共中央关于建立社会主义市场经济体制若干问题的决定》。该决定明确提出"发展市场中介组织，发挥其服务、沟通、公证、监督作用。发挥行业协会、商会等组织的作用。中介组织要依法通过资格认定，依据市场规则，建立自律性运行机制，承担相应的法律和经济责任，并接受政府有关部门的管理和监督"。

中价协自成立以来，紧紧围绕住房和城乡建设部的中心工作，坚持"服务政府、服务行业、服务会员、服务社会"的宗旨，认真履行"提供服务、反映诉求、规范行为"的职责，在加强行业自律，维护会员权益，创新服务方式等方面做了大量卓有成效的工作，发挥了重要的桥梁和纽带作用。

为了落实党的十八届三中全会提出的"激发社会组织活力"，提升为会员和行业服务水平，2017年，中价协严格按照国家关于行业协会发展的要求，顺利完成脱钩工作，进一步完善了协会治理和制度建设。按照民政部的要求，健全了理事会、常务理事会、理事长办公会、秘书长联席会等会议和议事制度，使协会治理体制进一步完善。为了确保党对协会的绝对领导，按照中组部《关于全国性行业协会商会与行政机关脱钩后的党建工作管理体制调整办法》的要求，完成了党组织关系向中央国家机关工委转移工作，确保了党的组织生活正常开展，保证了党建工作管理体制调整和有序衔接。为更好地发挥行业组织作用，结合行业发展思路，中价协不断优化秘书处内设机构，强化了协会对行业科学发展的引导，突出了在行业自律、标准编制、信息化服务等方面的作用，同时，中价协加强对中价协各专业委员会的管理力度，确保协会各方面的规范管理。

与此同时，中价协不断探索与各地方、各专业协会建立共同发展、利益共享、分层服务的联动模式，实现全国"一盘棋"和合作共赢的新局面，共同推动工程造价行业持续健康发展。

七、工程造价咨询行业国际地位显著提升

我国造价工程师职业资格制度建立以后，工程造价行业的国际交流与合作更加广泛。2003年、2007年经我国外交部批准，中价协作为中国的唯一代表分别加入了亚太工料测量师协会（PAQS）和国际造价工程联合会（ICEC），履行会员义务，开展国际交流与合作。2005年、2013年，中价协分别在大连、西安成功举办了亚太工料测量师协会（PAQS）第9届和第17届年会。2013年，中价协徐惠琴理事长被推选为亚太工料测量师协会主席，并以主席的身份主持了第18届在中国香港、第19届在日本横滨召开的亚太工料测量师年会。

通过参加国际组织年会、高层互访等，为我国造价工程师交流工程造价技术的最新发展，共享造价管理领域的全球经验，共商工程造价管理领域要事搭建了平台，进一步推进我国工程造价咨询走向国际工程咨询的舞台。一些工程造价咨询企业已经在国际工程咨询项目崭露头角，随着"一带一路"倡议的实践，造价咨询企业迎来了实施"走出去"战略的机遇期，我国工程造价咨询企业国际化进程呈现了稳步发展态势。

第二篇

专题篇

专题一

工程计价机制的发展与改革

工程计价机制是建设工程造价管理制度最重要的组成部分。工程计价机制伴随着国家经济体制的变革逐步发展，为我国顺利推进建筑业和基本建设管理体制改革，有效进行工程建设的投资控制，作出了重要贡献，成为符合我国国情且具有中国特色的工程计价机制。

一、工程计价机制的发展背景

工程造价计价机制与国家不同时期实行的经济体制紧密相关，大致经历了计划经济和改革开放两个时期五个阶段。

（一）计划经济时期

1949～1976年我国实行计划经济体制，工程计价主要实行"量价合一，固定取费"的概预算制度，建设单位和施工企业采用完全一致的预算定额和计划价格计价，工程建设任务全部通过行政分配由各行政体系下的施工企业承担。这种工程计价机制体现的是政府对工程项目的投资管理。

1. 概预算制度的建立

为迅速恢复和发展国民经济，管好基本建设投资，我国从苏联引进了基本建设概预算制度。这项制度的基本内容是：确定概预算在基本建设中的作用；规定在不同设计阶段概预算的编制原则、内容、方法和编制单位以及审批和修正方法；确定概预算编制依据，即各类概预算定额、费用标准、材料设备预算价格等的制定、审批、管理权限等。在"一五"期间，共制定了用于编制概预算的各项定额，费用标准，材料、设备预算价格等共11类32册。

从1958年起，作为建设单位和施工企业办理工程结算的依据——施工图预算渐渐失去作用。1962年5月，国务院批准发布基本建设和设计工作的文件，重申了"必须按照基本建设程序办事"，要求"扩大初步设计或初步设计阶段应当编制总概算，技术设计阶段应当编制修正总概算，施工图阶段应当编制预算"。国家计委总结了工程建设概预算工作经验教训，概预算制度得到了重申。

总的来看，工程概预算制度的建立，促使基本建设由"供给制"向"经济核算制"转变。为我国工程建设项目的投资管理奠定了基础，并为我国培养了第一代概预算工作人员。

2．经常费制度的实行

1967年，建工部直管施工企业中实行经常费制度，其主要内容是：将施工企业的人工费、管理费由财政部每年按预算拨给建工部，即国家按施工企业人数拨款，将其他工程费编制用款计划，由建设单位按计划拨款，工程竣工后，向建设单位实报实销，材料费按基建体制和材料供应方式确定；工程完工后，施工企业不再与建设单位办理工程结算，人工费和管理费按约占材料费、施工费的35%估计列入工程的竣工结算。1972年5月，国务院批转国家计委、国家建委、财政部《关于加强基本建设管理的几项意见》，强调"设计必须有概算，施工必须有预算，没有编好初步设计和工程概算的建设项目，不能列入年度基本建设计划"。1973年1月1日，经常费制度停止执行，重新恢复了建设单位和施工企业按施工图结算的制度。

（二）改革开放时期

随着改革开放的不断深入，我国经历了从计划经济向有计划的市场经济，再到社会主义市场经济体制的变革，建设项目实行业主负责制、招标投标制、合同制。随着投资主体多元化，打破了工程建设任务行政分配的格局，工程计价也从价格双轨制下的动态调整，清单计价的引进，工程总承包的推行，逐步向适应社会主义市场经济的发展要求推进。

1. 概预算制度的恢复

党的十一届三中全会以后，党中央要求"把全部经济工作转移到以提高经济效益为中心的轨道上来"，为做好工程建设概预算工作指明了方向。1978年，国家建委、财政部印发了《建筑安装工程费用项目划分暂行规定》（建发施字［78］第98号），统一了建筑安装工程费用项目。国家建委组织制定或修订全国通用的9本通用设备安装工程预算定额，陆续颁发了邮电部、煤炭部、交通部主编的13本专业通用的概预算定额；1981年7月，国家建委印发《建筑工程预算定额（修改稿）》，为各省、自治区、直辖市编制地区通用的建筑工程概预算定额打下了基础。至1983年上半年农林部、交通部、石油部、冶金部先后完成各种专业专用概预算定额、概算指标等27本。

这期间，国家计委设立基本建设标准定额局（所），一些专业部委和地方陆续恢复或新组建工程标准定额管理机构。明确了概预算人员原则上执行国务院《工程技术干部技术职称暂行规定》，为工程造价专业队伍建设奠定了基础。

为适应基本建设实行经营承包制的要求，总结30多年来概预算工作的经验教训，国家计委、中国人民建设银行印发了《关于改进工程建设概预算工作的若干规定》（计标［1983］1038号），该规定对设计单位做好投资估算、设计概算、恢复编制施工图预算以及概预算执行过程中建设、设计、施工单位和建设银行的责任等作出了规定。

2. 概预算制度在改革中前行

随着改革开放的深入进行和投资主体的多元化，1984年《国务院关于改革建筑业和基本建设管理体制若干问题的暂行规定》（国发［1984］123号）要求"全面推行建设项目投资包干责任制""大力推行工程招标承包制""尽快组织制订、修订各种标准、规范、概预算定额和费用定额"。为贯彻国务院通知精神，国家相继出台了一系列政策文件：

（1）建立了工程建设费用项目划分制度

1985年，国家计委、中国人民建设银行印发《关于改进工程建设概预算定额管理工作的若干规定》《关于建筑安装工程费用划分暂行规定》和《关于工程建设其他费用项目划分暂行规定》（计标〔1985〕352号），明确了建筑安装工程费用和工程建设其他费用的划分标准。建设部、中国人民建设银行于1993年发布了《关于调整建筑安装工程费用项目组成的若干规定》（建标〔1993〕894号）。

（2）加强了投资估算指标的编制工作

1986年，国家计委印发了《关于做好工程建设投资估算指标制订工作的几点意见》（计标〔1986〕1620号），是国家第一次制订工程建设投资估算指标，为估算指标的制订工作提出了编制原则、分类及表现形式、编制方法、管理分工及进度要求。

（3）启动了经济评价方法与参数工作

1987年，国家计委印发《关于印发建设项目经济评价方法与参数的通知》（计标〔1987〕1359号），发布了《关于建设项目经济评价工作的暂行规定》《建设项目经济评价方法》《中外合资经营项目经济评价方法》与《建设项目经济评价参数》四个规范性文件以及13个应用案例，这是《建设项目经济评价方法与参数》的首次发布，填补了我国技术经济学的空白。1990年9月，国家计委、建设部《关于印发〈建设项目经济评价参数〉的通知》（计投资〔1990〕1260号），发布了经过重新调整的《建设项目经济评价参数》。1993年，国家计委、建设部《关于印发建设项目经济评价方法与参数的通知》（计投资〔1993〕530号），发布了由建设部标准定额研究所和国家计委投资司等单位编制的《建设项目经济评价方法与参数》（第二版）。第二版的制定适应了我国经济体制改革，特别是价格体制改革的需要，总结了第一版应用的经验与问题，借鉴了国内外的研究成果以及英国政府对我国经济评价方法技术援助的成果，总体上比第一版更加成熟与完善，同时也与国际通行的经济评价方法接轨上又迈出一大步。

（4）培育工程造价机构，开展全过程工程咨询业务

1988年，国家计委印发《〈关于控制建设工程造价的若干规定〉的通知》（计标〔1988〕30号），提出为有效地控制工程造价，必须建立健全投资主管单位、建设、设计、施工等各有关单位的全过程造价控制责任制。明确要求各地区、各部门可积极创造条件，经过批准成立各种形式的工程造价咨询机构，接受建设单位、投资主管单位等的委托或聘请，从事工程造价的咨询业务。受委托的咨询机构和工程经济人员必须立场公正，协助有关单位做好工程造价的控制和管理工作。

（5）启动了工程造价资料积累及信息发布工作

1991年11月，建设部印发《建立工程造价资料积累制度的几点意见》（建标〔1991〕786号）。提出了工程造价资料的作用、工程造价资料积累的范围、工程造价积累的内容、工程造价资料积累的原则等要求，为推动工程造价资料积累工作起到了推进作用。

（6）组织编制了多部全国统一定额

1995年12月，建设部发布《全国统一建筑工程基础定额》（土建工程）和《全国统一建筑工程预算工程量计算规则》（建标〔1995〕736号）。1999年8月，建设部发布《全国统一市政工程预算定额》（建标〔1999〕221号），该定额是统一全国市政工程预算工程量计算规则、项目划分、计量单位的依据，是编制市政工程地区单位估价表、编制概算定额及投资估算指标、编制招标工程标底、确定工程造价的基础。2000年2月，建设部发布《全国统一建筑安装工程工期定额》（建标〔2000〕38号）。3月，建设部发布《全国统一安装工程预算定额》和《全国统一安装工程预算工程量计算规则》（建标〔2000〕60号）。2001年，建设部发布《全国统一建筑装饰装修工程消耗量定额》（建标〔2001〕271号）。

（7）制定工程发承包计价管理办法

1999年1月，建设部印发了《建设工程施工发包与承包价格管理暂行规定》（建标〔1999〕1号）。2001年11月，为了规范建筑工程施工发包

与承包计价行为，维护建筑工程发包与承包双方的合法权益，促进建筑市场的健康发展，建设部发布《建筑工程施工发包与承包计价管理办法》（建设部令第 107 号）。

上述工作，进一步夯实了我国工程概预算制度。但是工程计价依据的编制虽然提出了动态管理的总体思路，但对定额的编制和生产要素价格的发布仍具有滞后性，与市场实际价格不符，延续这一方式计算出的工程造价已经不能反映工程的实际价格，也不能很好地实现投资控制的目的。

党的十四大提出"我国经济体制改革的目标是建设社会主义市场经济体制"。建设部对工程计价提出了"控制量、指导价、竞争费"的改革目标，即按照统一的计算规则控制工程量，各地区定期发布人工、材料、机械等价格信息予以指导，对间接费、利润率等则通过市场竞争形成。改良后的工程计价虽然引入了价格竞争，但定额中的消耗量与施工现场脱节，信息价难以满足市场竞争形成价格的要求。随着改革开放的深入，特别是我国加入WTO后，国内建筑企业参与国外市场竞争，国外建筑商进入我国建筑市场，需要按照国际通行的计价方式以适应对外开放的需要，促进建筑企业整体素质的提高，因此，迫切需要建立新的工程发承包计价模式。

3．清单计价引进，改革目标确定

（1）建立了工程量清单计价制度

2003年，借鉴英国工料测量制度，建设部组织标准定额研究所等单位编制并发布了国家标准《建设工程工程量清单计价规范》（GB 50500-2003）。工程量清单计价是国际上较为通行的做法，在建设工程招标投标中实行工程量清单计价是规范建设市场秩序、适应市场定价机制、深化工程造价管理改革的重要措施。《计价规范》的发布实施开创了工程造价管理工作的新格局，是工程造价管理改革的一个里程碑，是建立由政府宏观调控，市场有序竞争形成工程造价的新机制。为适应工程建设清单计价的需要，建设部、财政部印发《建筑安装工程费用项目组成》（建标〔2003〕206 号）。并调整了以下内容：将原其他直接费、临时设施费以

第二篇 | 专题篇

43

及原直接费中属工程非实体消耗费用合并为措施费；根据国家建立社会保障体系的有关要求增设规费；原计划利润改为利润。2008年7月，住房和城乡建设部对《建设工程工程量清单计价规范》（GB 50500-2003）进行了修订，批准发布了《建设工程工程量清单计价规范》（GB 50500-2008）。

2012年12月，住房和城乡建设部批准发布了《建设工程工程量清单计价规范》（GB 50500-2013），以及《房屋建筑与装饰工程工程量计算规范》（GB 50854-2013）、《仿古建筑工程工程量计算规范》（GB 50855-2013）、《通用安装工程工程量计算规范》（GB 50856-2013）、《市政工程工程量计算规范》（GB 50857-2013）、《园林绿化工程工程量计算规范》（GB 50858-2013）、《矿山工程工程量计算规范》（GB 50859-2013）、《构筑物工程工程量计算规范》（GB 50860-2013）、《城市轨道交通工程工程量计算规范》（GB 50861-2013）、《爆破工程工程量计算规范》（GB 50862-2013）9本计量规范，取代《建设工程工程量清单计价规范》（GB 50500-2008）。这是总结了十年清单计价经验进行的大规模修订，计价与计量规则分别编制国家标准，对以施工图发承包的计价行为作了系统规范。

2013年3月，住房和城乡建设部、财政部进一步总结经验，发布了《建筑安装工程费用项目组成》（建标〔2013〕44号），将费用项目修订为分部分项工程费、措施项目费、其他项目费、规费和税金；按清单计价的要求修订计价程序，解决了费用项目不适应清单计价的问题。

（2）规范了工程价款结算制度

2004年10月，财政部、建设部联合印发《建设工程价款结算暂行办法》（财建〔2004〕369号），此文件是按照国家有关法律、法规制定的，日的是为维护建设市场秩序，规范建设工程价款结算活动。

（3）完善了经济评价方法及估算指标的编制

2006年7月，国家发展改革委和建设部发布了《关于印发建设项目经济评价方法与参数的通知》（发改投资〔2006〕1325号），要求在开展投资项目经济评价工作中借鉴和使用。《方法与参数》（第三版）总结了第一、二版的应用经验，适应了我国社会主义市场经济体制的需要，贯彻了《国务院关于投资体制改革的决定》的精神，既规范政府投资项目经济评价方法，又为企业投资决策提供重要的参考依据。在我国投资领域产生了较大反响。

2007年6月，建设部发布了《市政工程投资估算指标》和《市政工程投资估算编制办法》，进一步加强市政工程项目投资估算工作，提高估算编制质量，合理确定市政建设项目投资。2008年9月，住房和城乡建设部发布了《城市轨道交通工程投资估算指标》。

2007年2月，中价协发布《建设项目投资估算编审规程》（CECA/GC 1-2007）、《建设项目设计概算编审规程》（CECA/GC 2-2007）。

（4）加强了工程造价信息工作

2008 年3月，建设部标准定额司印发了《关于开展城市住宅建筑工程造价信息测算和发布工作的通知》（建标造函［2008］19号），加强了对城市住宅建造成本的监测和指导，规范并统一了全国城市住宅建筑工程造价信息数据库的建设，为各级政府和有关部门及时掌握工程造价数据提供了依据。

2009年4月，住房和城乡建设部标准定额司印发了《关于 2009 年建筑工程人工成本信息收集和测算工作的补充通知》。要求各地按照《关于开展建筑工程实物工程量与建筑工种人工成本信息测算和发布工作的通知》的规定，做好建筑工程人工成本信息收集、测算和发布工作。

2011年5月 19 日，住房和城乡建设部标准定额司印发了《关于做好建设工程造价信息化管理工作的若干意见》（建标造函［2011］46 号），进一步明确工程计价应适应建筑市场需要。

（5）推动了工程造价全过程咨询

2009年5月，为推动和规范建设项目全过程造价管理，中价协发布《建设项目全过程造价咨询规程》（CECA/GC 4-2009），使建设项目全过程造价咨询有了实施标准。

（6）进一步明确工程计价改革的方向

工程量清单计价相比定额计价更多体现了"量价分离，风险分担"的原则，即招标人提供工程量清单，由投标人根据自身成本、技术和管理水平自主竞争报价，初步建立了"企业自主报价，竞争形成价格"的机制。

2014年，住房和城乡建设部印发《关于进一步推进工程造价管理改革的指导意见》（建标〔2014〕142号），提出"坚持市场化改革方向，完善工程计价制度，转变工程计价方式"和"全面推行工程量清单计价"，以期全面推动工程造价市场化改革工作。2017年，国务院办公厅发布《关于促进建筑业持续健康发展的意见》（国办发〔2017〕19号），提出加快推行工程总承包，此后各地区纷纷试点工程总承包，但工程总承包计价计量规则尚缺失。为进一步推进工程造价市场化改革，完善工程造价市场形成机制，2020年住房和城乡建设部办公厅印发了《工程造价改革工作方案》（建办标〔2020〕38号）。

二、工程计价机制的发展与改革

（一）定额计价向清单计价的转变

定额计价即"定额预算计价法"，是按预算定额规定的分部分项子目，逐项计算工程量，套用定额计算直接费，然后计取其他直接费、间接费、利润和税金，加上材料价差。这种重复算量、套价、取费、调差的模式，与市场经济的要求极不适应。

定额计价与清单计价的价款构成形式不同。工程量清单中的量是工程实体的量，而不是按定额消耗量计算的预算工程量。这有利于企业自主选择施工方法、优化施工组织设计，建立起企业内部报价及管理的定额和价格体系。清单计价贴近工程实体，贴近建筑市场，价款包括完成合同约定清单项目所需的全部费用，即分部分项工程费、措施项目费、其他项目费、规费和税金，以及考虑风险因素而增加的费用。这种划分将施工过程中的实体性消耗和措施性消耗分开，对于措施性消耗费用只列出项目名称，由承包人根据施工现场情况、施工方案自行确定，以体现出以施工组织设计为基础的价格竞争；对于实体性消耗费用，则用工程数量乘以承包人报出清单项目综合单价即可得出。造价形成机制不同是清单计价和定额计价的最根本区别。定额计价虽然将生产要素价格放开由市场决定，但其本质上仍然维持预结算的方式，是一种事后算总账的工程造价形成机制，导致招标投标、合同约定形同虚设，计价计量风险全部由发包人承担。而清单计价则是"量价分离"，实现了全国工程量计算规则的统一，价格通过市场竞争实现。事前算细账、摆明账，履约过程中的期中结算可以结实固化，简化了竣工结算，实现了计价风险按合同约定由发承包双方分担。随着清单计价方式的推广，企业根据经营管理能力和市场供求关系自主报价、市场竞争定价的格局也逐渐形成，这正是清单计价所要促成的目标。清单计价的本质是要改变政府定价模式，只有计价依据个性化，才能建立起市场形成造价的机制。

（二）计价规则向标准规范的转变

工程造价标准体系是工程造价管理体系中用于规范工程造价管理行为、过程、方法等而制定的统一标准，包括国家标准、行业标准、地方标准以及中价协发布的协会（团体）标准。其作用是在全国、行业（或地区）范围内建立工程造价管理秩序、规范工程造价管理活动、指导技术性标准和规范性文件实施，以提高工程造价管理水平和效应。

工程造价标准体系中的内容主要以标准、规范、规程等命名，标准、规范、规程都是标准的表现形式，统称为标准，只有针对具体对象时才加以区分。当针对概念、原则等基础作出规定时，一般采用"标准"，如《工程造价术语标准》等；当针对方法、格式、规则事项等作出规定时，一般采用"规范"，如《建筑工程面积计算规范》等；当针对具体计价成果文件等专用技术要求作出规定时，一般采用"规程"，如《建设项目投资估算编审规程》等。

自2003年工程量清单计价采用国家标准的形式发布以来，现已有工程造价的国家标准18个，行业标准10余个，协会（团体）标准12个。这些标准在工程造价管理方面发挥了十分重大的作用。

（三）计价依据适应市场需求的转变

计价依据一般包括三个方面：一是规范工程计价方法和程序的计价规范，即国家标准《建设工程工程量清单计价规范》（GB 50500-2013），以及水利、电力、公路、铁路等专业工程的计价规定；二是规范工程量计算的计量规范，即国家标准《房屋建筑与装饰工程工程量计算规范》（GB 50854-2013）等9本工程计量规范以及水利、电力、公路、铁路等专业工程的计量规则；三是指导工程价格计算的，与工程计量项目相匹配的计价定额、价目表、市场价格信息和造价指数等。

上述三种计价依据是否适应建设市场需求，都需经过市场的检验，但总的来说，任何一种计价依据，都有其适应的范围，不可能包治百病。国务院办公厅《关于促进建筑业持续健康发展的意见》（国办发〔2017〕19号）提出了推行工程总承包，但相应的适合工程总承包的计价计量规则还未出台，与之相配套的改革措施仍需完善。

（四）计价方式适应订立合同需要的转变

如何选择工程发承包合同，主要应考虑工程的特点、业主管理工程的能力、发承包的内容以及与之相匹配的发承包人各自应承担的计价风险。与此相适应，不同的合同方式决定了不同的计价方式，例如工程总承包合同就不能再采用施工图计量计价，对计价风险的分配也不一样。一般风险分配原则是，将每一项风险分配给能够最有效的预见、处理和承担风险的一方。在工程实践中，谁负责设计就应由设计方承担设计风险，谁负责施工就应由谁承担施工风险。这实质上体现了权、责对等的原则。建设工程施工合同由发包人提供施工图纸，所以由发包人承担工程量变化的风险，承包人承担约定范围内的价格风险。设计施工总承包在可行性研究及方案设计批准后发包，由承包人负责初步设计和施工图设计；在初步设计后发包，由承包人负责施工图设计，因此，工程量和约定范围的价格风险都由承包人承担。设计采购施工（EPC）总承包，由于业主将更多的权限给予承包商，因此，也将更多的风险交由承包商承担。

在我国主要是以设计单位编制的施工图为基础进行工程发包的，为了均衡地分配工程风险，最适宜采用单价合同。单价合同是发承包双方约定以清单项目及其综合单价进行合同价款计算、调整和确认的建设工程施工合同。这一合同方式是以发包人提供的施工图为工程计量的基础，实行工程量清单计价的建设项目，其特点是：清单项目及工程量计算，依据承包人在履行合同中实际完成且应予计量的工程量确定，由发包人承担工程量变化的风险。清单项目综合单价在合同中约定超过约定条件时，依据合同约定进行调整，即为可调单价合同，由承包人承担约定范围内的价格风险。如合同中约定综合单价固定不变，市场价格变动不予调整，即为固定单价合同，即由承包人承担价格变化的全部风险。

三、我国工程计价机制的特点

（一）工程计价受法律法规的约束

我国与工程造价相关的法律法规主要有《中华人民共和国合同法》《中华人民共和国建筑法》《中华人民共和国招标投标法》《招标投标法实施条例》《建设工程质量管理条例》《建设工程安全生产管理条例》等。《中华人民共和国合同法》规定了建设工程合同内容，包括工期、工程造价、拨款和结算以及违约赔偿等内容；《中华人民共和国建筑法》规定了工程造价应当按照国家有关规定在合同中约定，发包单位应当按照合同约定，及时拨付工程款项等内容；《中华人民共和国招标投标法》以及相关的《招标投标法实施条例》规定了投标人不得以低于成本竞标等内容；《建设工程质量管理条例》规定发包单位不得迫使承包方以低于成本的价格竞标，不得任意压缩合理工期等内容；《建设工程安全生产管理条例》对安全作业环境及安全措施所需费用的编列及使用作了规定等。

此外，还有部门规章和规范性文件。《建筑工程施工发包与承包计价管理办法》规定了编制工程量清单、最高投标限价、招标标底、投标报价，进行工程结算及签订和调整合同价款等活动的有关要求。《工程造价咨询企业管理办法》规定了工程造价咨询企业的资质等级与标准、资质申请方式、业务范围、监督管理及法律责任等内容。《注册造价工程师管理办法》规定了注册造价工程师的注册条件、申请材料及方式、执业范围、监督管理及法律责任等内容。《建设工程价款结算暂行办法》规定了工程价款结算应按合同约定办理，明确了合同价款约定、调整、结算等详细内容。《建筑安装工程费用项目组成》规定了建筑安装工程费用项目的组成以及计价程序等内容。由于我国涉及工程造价的法律规定比较宏观，因此，部门规章和规范性文件在工程造价管理中发挥了重要作用。

（二）工程计价受标准规范的引领

工程造价标准作为工程造价管理体制的最重要的基础，在工程造价的形成过程中起到了引领作用。

我国工程造价标准起步较晚，2003年以后，工程造价领域的标准化工作有了长足的发展，工程造价标准的重要作用在工程建设中日渐凸显。针对工程造价领域存在的问题，编制并实施了若干具有工程造价特点的相关标准，如：《工程造价术语标准》《建筑工程建筑面积计算规范》《建设工程工程量清单计价规范》以及《房屋建筑与装饰工程工程量计算规范》等9册计量规范、《建设工程计价设备材料划分标准》，为推动工程计价市场化改革、规范建筑市场行为、促进建筑业健康发展发挥了重要作用。《建设工程造价咨询规范》《建设工程造价鉴定规范》等进一步规范了工程造价咨询企业从业人员执业行为。一些行业如交通、水利、电力、建材等也相继发布公路、水运、水利、电力、建材等专业工程计价计量行业标准，一些地方建设行政主管部门也出台了工程造价的地方标准。同时，2007年开始，中价协也相继出台了诸多规范工程造价咨询成果文件编制以及质量要求的协会（团体）标准，但是也应看到，当前工程造价领域的相关标准体系还未形成，一些急需的重要标准仍需进一步完善和发展。

（三）工程计价受工程定额的指导

工程计价定额泛指在工程建设不同阶段用于计算和确定工程造价的基础性计价依据，是中国特色工程计价的核心内容，庞大的工程计价定额体系是我国工程管理的宝贵财富。

我国对政府投资项目的管理一直实行专业工程由行业工程建设主管部门管理的机制，如：铁路、公路、电力、通信、石化、水利、建材等政府投资项目均由相应的行业主管部门发布相应的计价计量规则和估算指标、概算定额、预算定额、费用定额和价格信息进行工程造价的控制和管理。

工程规划与可行性研究报告阶段应用估算指标编制投资估算；初步设计与技术设计阶段应用概算定额编制设计概算：施工图设计阶段应用预算定额编制设计预算。估算指标、概算定额是在预算定额的基础上，根据工程项目划分情况予以适当综合与扩大，以适应不同设计深度的要求。当前，我国编制发布了与清单计价配套的建筑、装饰、市政等全国统一定额，各行业、各地区编制和发布了专业计价定额和地方计价定额。我国工程计价定额体系基本满足了各类建设工程计价的需要，但是在修订制度、格式统一性、标准化、及时性等方面仍存在与工程计价不适应的问题。

（四）工程计价受造价信息的支撑

工程造价信息是工程计价的基础，国家基本建设宏观管理和建设项目微观管理，都离不开工程造价信息。工程造价信息支撑体系包括：建设工程造价指数、综合指标，以及建设工程人工、设备、材料、施工机械要素价格信息等。工程造价信息化建设需要以标准化、网络化、动态化的基本原则进行，通过工程造价各方的共同参与打造工程造价信息化平台，进行信息的发布、共享和服务。

2007年以来，在住房和城乡建设部指导下，标准定额研究所积极组织实施全国工程造价信息化建设：一是制订了工程造价信息化工作规划和工作制度，通过国家、行业、地区工程造价信息平台的建设、维护和运行，初步形成了工程造价信息网络发布系统，为政府和社会提供政策信息、行业动态、行政许可和工程造价信息等公共服务，提高了行政管理的效能；二是建立了分地区的人工成本、住宅和城市轨道工程造价指标，建筑工程材料、施工机械信息价格发布制度，工程造价信息网每季度、每半年发布全国省会城市人工成本信息、住宅工程建安造价信息；三是印发了《关于做好建设工程造价信息化管理工作的若干意见》。上述工作的开展，为工程价格的形成发挥了基础支撑作用。

（五）工程计价受工程合同的约束

《中华人民共和国合同法》规定建设工程合同是承包人进行工程建设，发包人支付价款的合同，《中华人民共和国建筑法》规定工程造价应当按照国家有关规定在合同中约定。住房和城乡建设部、财政部也在相关文件中规定建设工程价款结算应按合同约定办理。可见，建设项目工程造价的形成离不开工程合同的约束。可以说没有工程合同，工程造价就无从实现。离开工程合同的约定，具体建设项目的工程造价，便是无源之水，无本之木。

总的来看，改革开放以来，工程建设领域的参与方都增强了合同意识，但工程合同纠纷还呈逐年递增趋势。因此，2004年、2018年，最高人民法院先后发布了《关于审理建设工程施工合同纠纷案件适用法律问题的解释（一）（二）》，从司法角度规定了违反工程合同约定的裁判规则，其中各款项都涉及了工程造价的确定内容。因此，工程造价从业人员应重视合同管理，将合同管理作为工程造价管理机制的必不可少的主要内容。

四、工程计价机制的发展展望

1. 构建科学合理的工程计价体系。应符合工程建设的客观规律，满足建设单位对投资的控制和施工企业对成本的控制，同时满足工程发承包交易的市场需求。为此，需进一步明确估、概、预算对建设单位投资的控制作用，施工预算及定额对施工企业投标报价和成本控制的作用。但在工程交易中，建设单位及施工企业根据什么确定采购预算和投标报价，乃是各自的意愿，工程计价计量规则应为双方提供选择。

2. 制订完善不同发承包方式的工程量计算规则。将工程计量规范进行梳理，按照完整的专业工程划分，并参照国际规则进行修订，计量规则应适应可行性研究及方案设计、初步设计和施工图设计三个阶段发承包的计量需要，为工程量清单计价模式的全面推行提供统一的标准。

3. 加快工程计价标准化建设。鼓励行业协会拾遗补缺，编制没有国家标准和行业标准，但计价计量需要的团体标准。以编制工程总承包计量规则为契机，以专业工程为对象，对现行工程计量规范的编码重新定义，打破不能被计算机识别、归类的瓶颈，真正让工程造价大数据发挥作用，方便工程计价指标指数的生成。

4. 明确政府部门发布造价信息的清单。鼓励行业协会和市场主体编制专业定额、团体定额，科学积累有效数据，多渠道提供造价指标指数和价格信息服务，由市场主体自行选择，满足政府投资项目不同阶段的计价需求。

5. 同步推行招标投标计价改革。严格实施投标人履约担保，采用无标底招标，以施工图招标发包的，逐步取消最高投标限价，以工程总承包方式招标的，不设置最高投标限价，消除投标人围绕最高投标限价进行报价，推行投标人根据自身成本竞争报价。

6. 进一步增强合同意识。以推行工程总承包为契机，完善不同发承包方式的工程价款结算办法，大力推行价格指数调整法，确保在工程实施过程中进行的期中结算结实固化，以便简化竣工结算，引导发承包双方按合同约定及时办理工程结算和价款支付。

多年来，我国工程建设领域取得了举世瞩目的成绩，三峡工程、高速铁路、港珠澳大桥、西气东输、南水北调工程等，无不凝聚着包括工程造价在内的中国建设人的智慧和汗水。随着中国投资走出去，中国标准也随之走出去，谁的投资，用谁的标准这也是国际惯例。面对西方强国，我们要不断总结我国历史经验，借鉴国外先进做法，建立与市场经济相适应的具有国际竞争力和影响力的中国特色工程造价管理体制，为实现中国工程咨询业国际化发展，中国投资和中国建设走向国际提供坚实的技术支撑。

专题二
工程造价咨询业的发展与改革

工程造价咨询业是随着我国社会主义市场经济体制的建立逐步形成并发展起来的。经历了30年的积累和沉淀，已经成为我国工程建设经济运行的一只重要力量，在提高固定资产投资效益、保障工程质量安全、促进建设市场健康发展、维护社会公共利益等方面发挥了重要作用。随着国家推动经济转型升级和高质量发展，物联网、大数据、智能化、云计算等科学技术的运用，工程造价咨询行业迎来了新的发展契机和历史机遇，同时也面临着改革创新、转型升级的挑战。纵观工程造价咨询业的发展历程可分为起步阶段、规范化阶段、蓬勃发展三个阶段。

一、以计划经济体制改革为背景的工程造价咨询业起步阶段（1988～1998年）

（一）工程造价咨询业产生的背景

在计划经济时期，国家以指令性的方式进行工程造价管理，并培养和造就了一大批工程概预算人员。进入20世纪90年代中期以后，随着投资主体多元化，以及《招标投标法》的发布实施，工程造价更多的是通过招标投标竞争定价。市场环境的变化，客观上要求有专门从事工程造价咨询的专业机构提供专业化的咨询服务。为提高投资效益，合理确定和有效地控制建设工程造价，建立健全各有关单位的造价控制责任制，实行对工程建设全过程的造价控制和管理，老一辈从事工程造价管理工

第二篇｜专题篇

55

作的领导、专家在充分学习借鉴英国等发达国家工程造价管理模式的基础上，结合我国国情和工作实际开展了一系列的调研、讨论和研究。1988年1月8日，国家计委发布了《〈关于控制建设工程造价的若干规定〉的通知》（计标［1988］30号），指出建设工程造价的合理确定和有效控制是工程建设管理的重要组成部分。控制工程造价的目的不仅仅在于控制项目投资不超过标准的造价限额，更积极的意义在于合理使用人力、物力、财力，以取得最大的投资效益。为有效地控制工程造价，必须建立健全投资主管单位、建设、设计、施工等各有关单位的全过程造价控制责任制。在工程建设的各个阶段认真贯彻艰苦奋斗、勤俭节约的方针，充分发挥竞争机制的作用，调动各有关单位和人员的积极性，合理确定适合我国国情的建设方案和建设标准，努力降低工程造价，节约投资，不突破工程造价限额，力求少投入多产出。同时，要求各地区、各部门可积极创造条件，经过批准成立各种形式的工程造价咨询机构，接受建设单位、投资主管单位等的委托或聘请，从事工程造价的咨询业务。该文件构建了工程造价管理的体系框架，推动了工程造价咨询业务的开展，为工程咨询行业的产生奠定了基础。

随着我国市场经济体制逐步建立，市场投资、市场需求呈现出了多样化的发展态势，建设领域的投资主体也越来越多，投资渠道也越来越丰富，社会投资的规模及所占比例快速上升，固定投资的快速增长为工程造价咨询行业的早期发展营造了良好的市场环境。与此同时，与工程造价相关的生产要素价格由市场确定逐渐取代了政府定价。到20世纪90年代中后期，工程造价咨询机构应运而生，其中大多是发改、建设、财政、审计等相关部门批准设立的事业单位以及设计院、国有企业、建设银行的审价机构等，工程造价咨询业有了基本的雏形。

（二）《工程造价咨询单位资质管理办法》首次发布

为适应社会主义市场经济体制的建立，规范工程造价咨询单位行为并充分发挥其作用，保障其依法进行经营活动，维护建设市场的经济秩序，1996年3月6日，建设部首次以部门文件形式发布了《关于印发〈工程造价咨询单位资质管理办法（试行）〉的通知》（建标〔1996〕133号），明确了工程造价咨询单位接受任务的方式、工作内容、资质等级和业务范围、工程造价咨询责任及收费等规定，主要内容：

1. 委托方式及具体工作内容的规定

该办法明确规定了工程造价咨询单位承揽业务时应面向社会接受委托，对于建设单位、设计院等开展本单位工程概、预算工作的，无需另行委托工程造价咨询单位。其对外可承揽业务的内容包括建设项目的可行性研究投资估算、项目经济评价、工程概算、工程预算、工程结算、竣工决算、工程招标标底、投资报价的编制和审核、对工程造价进行监控以及提供有关工程造价信息资料等业务工作内容。

2. 对工程造价咨询单位业务能力和条件的相关要求

该办法的发布，首次明确了对工程造价咨询单位资质的准入管理，将工程造价咨询单位的等级认定为甲、乙、丙三级，并明确了各等级的专业技术人员人数、从事相关工作年限、注册资金、办公场所、组织机构、技术资料和微机管理手段、管理制度和规章，以及应提供工程造价咨询工作业绩等条件。

3. 关于工程造价咨询责任及收费的规定

工程造价咨询单位必须遵守国家法律、法规，客观公正；不得参与与委托工程有关单位的经营活动或任职；独立承担受委托的工程造价咨询业务，不得转让其他单位；接受政府主管部门的监督、检查；按照国家法律法规进行经营活动，照章纳税等原则。工程造价咨询单位的咨询收费标准应根据受委托工程的内容、深度要求等，在国家规定的收费范围内确定并在委托合同内约定。具体收费标准由建设部统一商有关部门另行制定。

该办法的发布，在适应社会主义市场经济体制，建立我国工程造价咨询单位的资质管理制度，严格工程造价咨询单位准入管理，规范工程造价咨询单位行为，保障其依法进行经营活动，维护建设市场的经济秩序等方面，都发挥了重要的作用，也为工程造价咨询行业的发展奠定了基础。

（三）对工程造价咨询单位资质的首次核定

《工程造价咨询单位资质管理办法（试行）》正式发布后，同年，建设部标准定额司发布《关于做好甲级工程造价咨询单位资质申报工作的通知》（建标〔1996〕513号），决定自通知发布之日起，接受对甲级工程造价咨询单位资质的申报工作，并组织中价协等单位和专家，开展了对单位资质的认定工作，首次对上报单位关于专业人员数量、办公场所、工作业绩等内容进行了核定。1997年5月，建设部以第4号公告，批准了我国首批甲级工程造价咨询单位共计250家。

二、以工程造价咨询单位脱钩改制为契机推动行业规范化阶段（1999~2006年）

（一）对工程造价咨询单位进行脱钩改制的背景

随着社会主义市场经济体制改革的逐步深化，我国经济鉴证类社会中介机构发展迅速，在服务社会主义经济建设，维护正常的经济秩序，适应政府职能转变等方面发挥了重要作用，但经济鉴证类社会中介机构在发展过程中也存在着乱执业等突出问题，背离了独立、客观、公正的行业特性，严重影响了其作用的发挥，甚至干扰了正常的社会经济秩序。为了落实《国民经济和社会发展第十个五年计划纲要》提出的"实现中介机构脱钩改制，确保其独立、客观、公正地执业，规范发展会计服务、法律服务、管理咨询、工程咨询等中介服务业"，促进经济鉴证类社会中介机构健康发展，充分发挥其维护市场经济秩序的积极作用，经国务院批准，决定对经济鉴证类社会中介机构进行脱钩改制。

1999年10月，国务院办公厅发布了《关于清理整顿经济鉴证类社会中介机构的通知》（国办发〔1999〕92号），明确了清理整顿的指导思想和目标，规定了清理整顿的范围，提出了清理整顿的政策要求。清理整顿的指导思想是：中介组织要依法通过资格认定，依据市场规则，建立自律性运行机制，承担相应的法律责任和经济责任，并接受政府有关部门的管理和监督。通过清理整顿将实现规范经济鉴证类社会中介机构的资格认定，依据市场规则进行经济鉴证类社会中介机构的脱钩改制，建立自律性运行机制，依法规范政府部门和行业协会对经济鉴证类社会中介机构的监督、指导和管理的目标。清理整顿的范围是：与市场经济运行和市场经济活动有着密切关系、对维护市场秩序具有重要作用，并依靠专业知识和技能向社会提供经济鉴证服务的经济鉴证类社会中介机构（包括实行企业化经营或者从事经营活动的事业单位）及其行业管理组织，如会计师（审计）事务所、财会咨询公司、税务师事务所、律师事务所，各种资产评估、价格鉴证、工程造价审计（审核、咨询）等经济鉴证类社会中介机构以及相关的行业管理协会、公会、管理中心等。清理整顿的政策要求是：一是凡没有法律依据或未经国务院批准自行设立的经济鉴证类社会中介机构，均需重新申报，经清理整顿后，符合条件的经批准继续执业；不符合条件的予以合并或撤销；二是清理整顿后，经济鉴证类社会中介机构一律实行脱钩改制，任何政府部门不得举办经济鉴证类社会中介机构。

（二）对工程造价咨询单位进行脱钩改制的实施

为进一步落实国务院有关文件精神，2000年9月，建设部发布了《关于工程造价咨询机构与政府部门实行脱钩改制的通知》（建标〔2000〕208号），该文件提出对工程造价咨询机构脱钩改制的指导思想是：按照社会主义市场经济发展的客观要求，推进工程造价咨询机构的体制改革，消除业务垄断，建立符合市场要求的自律性运行机制，促进工程造价咨询机构独立、客观、公正地执业，使工程造价咨询机构真正成为自主经营、自担风险、自我约束、自我发展、平等竞争的经济实体。脱钩改制的范围是：所有挂靠政府部门及其下属单位的工程造价咨询机构，挂靠企业的工程造价咨询机构，也应参照本《通知》要求进行脱钩改制；脱钩的要求是：必须在人员、财务、业务、名称方面彻底与挂靠单位脱钩；改制的要求是：要按照国家有关法律、法规规定的组织形式，改制成为由2名以上具有造价工程师资格的人员合伙发起设立合伙制社会中介机构，或由5名以上具有造价工程师资格的人员共同出资发起设立有限责任制社会中介机构。

2000年12月，建设部在208号文件基础上，以办公厅文件印发《关于贯彻〈关于工程造价咨询机构与政府部门实行脱钩改制的通知〉的若干意见》的通知。该通知进一步明确了工程造价咨询机构脱钩改制及规范管理的具体要求，首次提出了有限责任制的工程造价咨询企业具有造价工程师执业资格的人数和出资额均不得低于70%，并进一步明确了工程造价咨询企业的名称形式、最低注册资本金等要求。

2002年6月14日，国务院清理整顿经济鉴证类社会中介机构领导小组发布《关于规范工程造价咨询行业管理的通知》（国清〔2002〕6号），2002年7月19日，建设部发布了《关于转发〈国务院清理整顿经济鉴证类社会中介机构领导小组关于规范工程造价咨询行业管理的通知〉》（建标〔2002〕194号）。上述文件明确了工程造价咨询是为建设项目工程造价的合理确定和有效控制提供客观、公正、合理的技术与管理的服务行业，它将在依法维护建设各方的合法经济权益，确保国家利益和社会公共利益不受侵害等方面发挥越来越重要的作用。文件也第一次明确了在规范工程造价咨询市场，促进工程造价咨询行业健康发展的过程中，要充分发挥工程造价行业协会的作用，建立行业自律机制，担负起行业日常管理的职能。

随着脱钩和改制的完成，我国初步建立了符合社会主义市场需求的工程造价管理的竞争秩序和自律性运行机制，进一步提升了造价工程师的执业地位，推动了工程造价咨询机构独立、客观、公正地执业，使工程造价咨询机构真正成为自主经营、自担风险、自我约束、自我发展、平等竞争的经济实体，推动了工程造价咨询业迈入执业化发展轨道，确立了工程造价咨询业的独立地位。按照国务院关于经济鉴证类社会中介机构与政府部门实行脱钩改制的工作部署，建设部完成了工程造价咨询单位与政府部门脱钩改制工作，并对符合脱钩改制条件的504家甲级工程造价咨询单位和近3500家乙级工程造价咨询单位核发了新的资质证书。

（三）工程造价咨询业的规范化发展

为进一步加强对工程造价咨询单位的规范化管理，保障工程造价咨询业的持续健康发展，维护建设市场秩序，2000年1月25日，建设部在《工程造价咨询单位资质管理办法（试行）》（建标［1996］133号）文件的基础上，首次以部令形式发布了《工程造价咨询单位管理办法》（建设部令第74号），该文件明确了工程造价咨询单位资质等级分为甲、乙两级，以及注册造价工程师人数、注册资金、出资要求等。2006年3月22日，建设部发布《工程造价咨询企业管理办法》（建设部令第149号），取代了原第74号部令。149号部令从企业准入制度、资质管理、业务活动范围、市场秩序等方面进一步进行了规范和监督，要求工程造价咨询企业应当依法取得工程造价咨询企业资质，并在其资质等级许可的范围内从事工程造价咨询活动。并且为充分发挥造价工程师的专业性作用，工程造价咨询企业资质标准中增加了企业出资人中，注册造价工程师人数不低于出资人总人数的60%，且其出资额不低于企业注册资本总额的60%的规定。

中价协作为工程造价咨询行业全国性的专业行业组织，在引导和推动工程造价咨询业持续健康发展方面也发挥了重要的作用。2002年，中价协印发了《工程造价咨询单位执业行为准则》《造价工程师职业道德行为准则》《工程造价咨询业务操作指导规程》等行业自律相关文件，为造价咨询行业的诚信体系建设和企业的规范管理奠定了基础，在维护工程造价咨询市场秩序方面发挥了积极的作用。

三、以工程造价咨询企业资质行政审批制度为基础推动工程造价咨询业蓬勃发展阶段（2006年至今）

（一）行业发展呈现规模化

工程造价咨询业的发展离不开建筑业的大环境，作为国民经济支柱产业之一的建筑行业一直以来保持了高速、稳定的发展势头，规模逐年扩大，产值屡创新高，而工程造价咨询业作为建筑业中重要的一环，经过30年的发展已呈现规模化趋势，特别是近十年，"以造价管理为核心的全面项目管理"理念广为社会认可与接受，工程造价咨询企业走在了全过程工程咨询的前列。根据2019年工程造价咨询行业统计年报，工程造价咨询业年营业收入达到1836.66亿元，年均增长6.7%。企业数量达到8194家，其中甲级4557家，乙级3637家；工程造价咨询企业从业人员586617人，其中，注册造价工程师94417人。在工程造价咨询业务构成上，前期决策阶段咨询业务收入76.43亿元；实施阶段咨询业务收入184.07亿元；竣工结（决）算阶段咨询业务收入340.67亿元；全过程工程造价咨询业务收入248.96亿元；工程造价经济纠纷的鉴定和仲裁的咨询业务收入22.33亿元；其他工程造价咨询业务收入合计20.01亿元。2019年，全行业服务固定资产投资涉及工程造价总额约54万亿元。工程造价咨询企业广泛服务于国民经济工程建设的各个领域，为固定资产投资创造了附加值，积极参与工程造价鉴定和纠纷调解，维护了建筑市场环境，构建了和谐发展的市场秩序，为社会持续扩大就业提供了保障，对国民经济和社会发展做出重大贡献。

多年来，中价协不断加大工程造价咨询企业间的交流和合作力度，为企业搭建平台，拓宽企业发展视野，极大地提升了行业整体素质、促进了行业规模化发展。2013年，中价协举办了首届工程造价咨询行业论坛，80多家工程造价咨询企业领导参加了会议，共同绘制行业发展蓝图，至今工程造价咨询行业发展论坛已经成功举办了7届。在中价协和上海建设工程咨询协会的推动下，上海申元、上海第一测量师事务所等优秀工程造价咨询企业率先举办了企业开放日活动，吸引了大量工程造价咨询企业参观学习与深度的业务交流。之后，中价协每年都保持开展企业开放日活动，已经形成了行业品牌。这些企业的无私奉献、共襄行业发展、相互促进的精神也成了行业发展的一道亮丽风景。

（二）行业自律氛围初步形成

为贯彻落实民政部等八部委联合发布的《关于推进行业协会商会诚

信自律建设工作的意见》，近年来，中价协以制度建设、开展信用评价和信用平台建设为重点，进一步按照"放管服"要求，结合工程造价咨询企业发展现状、行业自律以及国家简政放权的精神，稳步推进行业诚信体系建设。2013年，中价协启动了《工程造价咨询企业诚信体系建设实施方案研究》工作，对工程造价咨询企业诚信体系建设的内涵、原则、思路、中长期规划以及信用评价指标体系建立等进行了深度剖析。2014年底，中价协获得商务部和国资委批准，成为第十二批行业信用评价参与单位，并启动了《工程造价咨询行业信用信息管理办法》编制工作，起草了《工程造价咨询企业信用评价办法（试行）》和《工程造价咨询企业信用能力综合评价标准》。2015年，中价协正式启动了信用评价试点工作。2016年，信用评价工作拓展到全国，推动了工程造价行业诚信体系建设。截至目前，全国已有31个省市和14个专业委员会纳入到协会的信用评价体系当中，3145家工程造价咨询企业参与了信用评价工作，信用评价工作得到了社会有关方面的普遍认可。为贯彻落实国务院"放管服"改革发展要求，行业将进一步完善信用评价办法，拓展信用评价结果的影响力，提升行业公信力。

（三）行业高质量人才队伍建设已具成效

在国际化、信息化的行业发展趋势背景下，工程造价咨询业初步建立了工程造价专业人才培养体系，行业内涌现出众多符合市场需求的实践型、应用型、综合型和创新型人才，汇集了一批既有理论水平，又有实践经验，懂技术、通经济、擅长管理的技术骨干。在南水北调、西气东输、三峡工程、京沪高铁、港珠澳大桥等国家级的重大建设项目中，均能看到工程造价咨询企业和造价工程师的身影，他们发挥了价值管理、投资与成本控制、绩效管理与审计的重要作用。通过开展广泛的国际交流与合作，我国造价工程师已掌握国际先进的工程管理理念与知识，已初步具备参与国际工程管理的能力。

在当前的市场形势下，工程造价咨询行业积极贯彻党和国家科技兴国和人才强国战略，重视人才结构调整，完善人才培养机制；运用分阶段、分层次的人才培养理念，创新人才培养模式；拓宽从业人员的知识结构和知识体系，提升从业人员的专业技能及综合素质。

（四）行业服务呈现多维发展状态

随着改革的不断深入、社会经济的不断发展，工程造价咨询服务范围由工程建设领域向国民经济建设的各个领域扩展，目前，已经覆盖了第一、二、三产业，涵盖了国民经济的各个行业，并向新基建领域聚焦，工程造价咨询业新的创新点、增长极、增长带正在不断形成。

服务内容已由传统业务领域向新业务领域覆盖。工程造价咨询业务已由可行性研究投资估算、项目经济评价、工程概预算、工程结算、竣工决算、工程招标标底、投标报价的编制和审核、工程造价监控等以投资决策、技术经济类、经济鉴定类服务为主的传统业务向工程造价鉴定、纠纷调解、职业保险、管理服务类（如项目代建、风险管理、信息管理、后评价、绩效评价等）、涉外工程类（如投资环境咨询、市场价格咨询、对外投资项目咨询、对外承包项目咨询、对外援助项目咨询）覆盖。

服务领域已向新基建领域拓展。新基建领域是未来十年最大产业机遇，也是中国经济新增长的关键引擎，对传统企业快速升级具有加持效果。新基建项目建设未来需求大，市场投资空间大，工程造价咨询业通过技术服务升级，已聚焦新基建领域开展相关业务，在"新基建"发展中发挥出重要作用。如在5G基建项目中，工程造价咨询已提供了产业监测、运行分析、评估服务、投资测算、建设方案、工程设计、编制设备安装工程造价、计价等服务。随着新型城镇化建设、海绵城市、城市地下综合管廊建设、老旧住宅小区综合整治及工程维修养护等需求的增加，工程造价咨询也已开展了相关领域的咨询服务。

服务业务链已向全生命周期贯穿。在传统业务的基础上，工程造价咨询服务业务链向前与投融资、方案设计优化结合，提前对运维成本进行预判，提升了投资方案的科学合理性，通过对项目的地质条件、原料、施工组织、合同、经济、技术、运营维护等因素系统全面考量，在保证安全性的同时，实现了工程成本的最小化和工程效益最大化；向后延伸已与运营维护、资产管理相结合，依据施工阶段、竣工结算阶段形成的工程造价历史数据积累，结合科学的运营维护方案，为运营管理提供管理数据支持，成为贯穿全生命周期的"成本管家"。

服务模式已向"互联网+全过程工程咨询"转型。在"政策导向+市场需求"双重驱动下，全过程工程咨询已成为工程造价咨询企业的核心业务。工程造价咨询企业已与勘察、设计、施工管理、招标采购、监理协同，通过纵向扩充工程设计、建造和项目运营信息，横向扩充造价管理、尽职调查、项目监督、投资决策综合咨询、全过程工程咨询、运营阶段资产管理等内容，提供综合性集成服务。目前，工程造价咨询业已经形成了多维度、跨专业的咨询服务体系。

（五）行业技术应用融入新科技

随着建筑信息模型（BIM）、物联网（IOT）、云计算、大数据、人工智能等新技术的应用，工程造价咨询行业通过不断融合新科技，逐渐形成了以信息技术为支撑的大数据集成平台，借助大数据分析、云计算、人工智能使工程造价咨询业向更智能化、更精准方向发展。

建筑信息模型（BIM）的应用。在设计阶段，通过BIM技术进行5D造价控制模拟，联通设计、施工、运营三个信息孤岛，降低了施工成本和运营维护费用；将工程计价依据输入BIM，即时反映了工程变更对造价的影响，为项目方提供了快速决策。

物联网技术（IOT）的应用。通过传感器网络、低功耗广域网、5G、射频识别（RFID）及二维码识别等物联网技术，为工程计价依据提供了准确、高质量的数据；通过智能安全帽、大型机械传感器实时汇集了人工和机械的数据，为工程成本的测算提供了详实可靠的数据，使工程造价服务可实时调整工程成本方案，提高服务质量，降低工程成本。通过形成工程造价咨询行业的公共服务平台，充分挖掘历史工程造价数据的价值，为项目前期估算、概算、设计方案比选、运营管理的各阶段造价数据提供支持，提高了工程造价咨询行业公共服务能力和监管效率。通过区块链在数据确权与互信中的应用，打造了行业数据共享的新生态。

人工智能的应用。人工智能的融入使原来繁琐的手工计量与计价变为软件计量与计价，让工程造价咨询人员从繁重、低效、重复的算量工作中解脱出来。通过人工智能技术，在自动进行清单列项、多线程并行作业、自动建模图形算量等方面取得了重大技术突破，工作效率可以提高40%。随着工程造价行业与人工智能技术的密切结合，在工程项目全寿命周期管理等领域将具有广阔的应用前景。

目前，工程造价咨询业积极参与BIM咨询、EPC咨询、装配式建筑咨询服务，借助BIM技术、大数据、信息化平台、智能化、物联网等新技术，在上海中心、广州东塔、天津117超高层建筑、鸟巢体育场、银河SOHO、央视办公楼等新式建筑中，充分发挥了造价人的智慧，提高了造价咨询业的服务质量，推动了行业向高质量发展。

（六）企业实现多元化发展

工程造价企业通过实行多元化战略，提高了资源利用效率、获得了更多的投资、实现了规模效益增长、分散了企业经营风险，多元化发展势头稳定。部分企业凭借自身优势，运用技术和资本，采取联合经营、并购重组、强强联合、战略联盟等方式发展多元化业务，积极完成了上下游相关业务链的拓展，提早实现了全过程工程咨询业务链的搭建，形成了建设领域的各子行业全面覆盖网络和平台化运营的组织机构，打造了开放的系统，通过不断创新和盈利，拥有了对抗熵增的能力，使企业变得更加卓越，成为工程造价咨询领军品牌企业、工程造价咨询行业的航母。目前已有近百家企业成功登陆了"新三板"，充分利用资本市场的有利条件，拓宽了融资渠道，引进了高端人才和技术，加快了新业务产品研发和技术储备，为企业未来业务布局与实现跨越式发展奠定基础。部分企业已向科技创新转变，通过购买专利、投资收购等方式，不断提高创新能力，建立了创新的规则、方法、新的科技生态，占有了市场份额，具有了主导规则制定权。通过引入产学研合作模式，企业与高校及科研机构共同进行课题研究，提升自身的科研水平、创新能力和核心竞争力。

部分企业积极实施国际化战略，参与国际业务竞争，投身国际工程咨询项目建设。中价协积极开展工程造价行业国际化发展战略研究，探索"走出去"的实施路径，开展了工程造价咨询企业国际化发展战略研究、"一带一路"沿线国家建设项目工程造价管控思路和方法的研究等一系列课题，整理了开展海外工程项目管理的典型案例，为工程造价企业拓展海外业务提供了可借鉴的操作方案。同时，中价协积极组织企业开展交流互访，为更多企业"走出去"创造了有利条件。通过向优秀的国际工程咨询企业学习，对国际工程项目管理咨询模式进行深入研究，部分企业建立了应对国外投资的风险控制机制，提高了企业的整体服务水平。通过与国际咨询机构合作，积极参与了国际规则和标准的制定，接轨国际标准，引入国外工程咨询企业先进的管理理念和机制，形成国际视野和一流服务能力。随着改革开放和全球经济一体化，粤港澳大湾区、雄安新区建设的重大机遇，"一带一路"倡议的实施，国际之间的合作建设加强，工程造价咨询行业积极实施国际化发展战略，对外提供高质量咨询服务，提升行业整体服务水平，进一步提升工程造价领域的国际地位。

四、工程造价咨询业的发展展望

随着供给侧结构性改革深入推进，绿色、智能、宜居的智慧建筑、智慧城市的建设，国家对工程造价咨询行业发展提出了新的要求，工程造价咨询业将不断适应市场多元化发展，不断深化行业改革，实现国内国际业务双线发展，进一步增强国际影响力；实现与工程产业深度融合，加速工程造价行业转型升级。

（一）国内国际业务双线发展，国际影响力进一步增强

经济全球化是历史发展的必然趋势，尽管过程中有各种曲折和突发

因素影响，但大的趋势不会改变。随着我国综合国力增强，对外开放深入，对外投资和对外承接工程逐年增多，特别是"一带一路"倡议实施，沿线国家和地区基础设施建设为我国工程造价咨询业开展国际业务提供了广阔的市场。我国工程造价咨询业积极顺应形势，借力参与国际工程，积极开展国际交流合作。

中价协在2016年组织了《工程造价咨询企业国际化战略研究》课题，为工程造价企业更好地走向国际化提供了指引。近些年，得益于我国经济快速发展、科技进步、大型工程建设项目增多，在为大型复杂项目服务过程中，我国工程造价咨询业水平得到了大幅提升，与国际造价咨询机构的差距显著缩小。一些优秀的造价咨询机构在项目经验、服务理念、执业水平、管理规范化等方面已基本与国际接轨，具备了进军国际市场、成长为全球化咨询机构的条件。可以说，我国工程造价咨询业已经从过去"跟跑"发达国家的阶段，进入与国际水平"并驾齐驱"的阶段。我国工程造价咨询业整体水平的提升为开展国际业务提供了基础，未来会涌现出更多具有国际化实力的工程造价咨询企业，国内国际业务双线发展将成为常态。

工程造价咨询业要积极拥抱国际化市场，进一步加强国际交流与合作，积极参与工程造价咨询行业国际相关标准规则的制定，提升行业国际影响力，培养出一批具备品牌优势、综合能力突出、具有国际竞争力的工程造价咨询企业。有实力的工程造价咨询企业应积极布局国际工程业务，与工程咨询产业链其他企业合作，共谋发展，拓展全过程咨询产业链，实现国内国际业务双线发展，进一步提升我国工程造价咨询业的国际影响力。

（二）现代高新科技与工程产业深度融合，工程造价行业转型升级进程加速

当今世界已进入全面信息化时代，现代高新技术已渗透到经济社会的方方面面。云计算、大数据、区块链、IOT、人工智能等技术在近几年发展迅猛，进一步加速了全球产业结构调整和升级。

随着智慧城市建设的推进，现代高新科技在工程领域将获得更加广泛和深度的应用。近日，住房和城乡建设部、科技部、工信部等九个部门联合发布了《关于加快新型建筑工业化发展的若干意见》（建标规［2020］8号），提出加快信息技术与建筑产业的融合发展，从项目设计到运维的全过程，对建筑业进行深度数字化、智能化改造。工程造价是工程建设管理最主要的内容之一，工程造价咨询业也必然向智能化、智慧化转型升级，这在行业内已成为共识。未来，工程造价咨询业统一的信息管理平台将更趋完善，全国工程造价成果数据资源共享体系进一步完善，随着数据共享创造的价值凸显，更多的企业将参与数据共建、共享，形成行业共赢的良性循环，促进行业健康发展。工程造价统一数据标准逐步形成，为人工智能算法在工程造价中的应用提供了更好的基础，智慧造价软件将得到广泛应用，运算效率大幅提升，这不仅能使造价从业人员从繁琐的基础工作中解放出来，专注于更高端的造价管理业务，而且，智慧化发展使得工程造价咨询业大数据能够用于支持智慧决策，进一步推动工程造价咨询业向高端的价值服务发展。

现代信息技术、智能科技与工程造价技术的深度融合，将进一步推动工程造价行业转型升级，其影响将是革命性的，将远超过去造价电算化给行业带来的影响。信息技术在社会各行业已全面开花，未来人类社会将从"旧IT"（Information Technology，信息科技）时代迅速步入"新IT"（Intelligence Technology，智能科技）时代。工程造价咨询业必须把握时代趋势，充分利用科技发展带来的机遇，推动行业转型升级。

专题三
造价工程师职（执）业资格制度的建立和完善

造价工程师职（执）业资格制度伴随着我国社会主义市场经济体制的提出而建立，并随着市场化、"放管服"改革而深化与完善。造价工程师职（执）业资格制度完成了从初创、发展、成熟、完善的历史进程。25年以来，全国共有逾20万从业人员获取了（一级）注册造价工程师资格，促进了工程造价咨询行业的极大发展，为我国拉动GDP的三驾马车之一"建筑业"的健康快速发展做出了重大贡献，成为工程建设管理中一支不可或缺的专业力量。

一、造价工程师职（执）业资格制度的创立和发展概况

（一）造价工程师职（执）业资格制度建立的历史背景及重要意义

1996年之前，我国对于工程造价专业人员的管理主要依靠概（预）算员持证上岗制度，基本方式为由各省、市、自治区和各部委根据各自特点及实际情况命题，组织统一考试，考试合格者，由各省、市、自治区和各部委印制概（预）算员资格证，实施持证上岗和在其所完成成果文件上签字制度，政府把概（预）算员纳入监管范畴。但概（预）算员持证上岗制度也出现了一些缺陷。一是在制度设计上，概（预）算员持证上岗制度未进行全国统一规定，各省、市、自治区和各部委的规定也

不尽相同，有的地区规定持证人员分为高级、中级、初级三级预算员，可按不同级别编制或审核不同投资规模的工程概预算；有的地区未作分级规定。二是在职能定位上，概（预）算员强调的主要是概（预）算工作，即具备算量计价的能力，而这种能力显然已经无法满足建设市场的发展对全过程工程造价管理和控制的需要。因此，为适应社会主义市场经济发展的需要，本着建立全国统一建设大市场的目标，提升工程造价专业人员的知识水平和职能定位，迫切需要制定全国统一的造价工程师职（执）业资格制度。

1．造价工程师职（执）业资格制度的建立

1993年，党的十四届三中全会提出《中共中央关于建立社会主义市场经济体制若干问题的决定》，决定指出"实行学历和职业资格两证证书并重的制度"。建设部标准定额司根据中央和国家有关实行执业资格制度的精神，以及国务院关于重视和解决工程建设"三超"问题的指示，审时度势向建设部职业资格制度工作领导小组提出"关于设置造价工程师执业资格的建议"。1994年，建设部职业资格制度工作领导小组制定了《1995-1999年职业资格工作实施意见》，将造价工程师职业资格制度纳入首批统一规划项目。经过大量的论证和协调工作，1996年8月26日，人事部、建设部印发了《〈造价工程师执业资格制度暂行规定〉的通知》（人发［1996］77号），造价工程师职业资格制度由此正式建立。

1996年11月，人事部、建设部联合印发了《造价工程师执业资格认定办法》（人发［1996］113号）。1997年和1998年，人事部、建设部分两批对已从事多年工程造价管理工作，并具有高级专业技术职务的人员实施直接认定，共认定造价工程师1853人，产生了首批中国造价工程师，这为造价工程师执业资格制度的建立与开展奠定了基础。1997年，建设部、人事部共同成立了全国造价工程师培训教材编写委员会，编制了《造价工程师执业资格考试大纲》和造价工程师执业资格培训教材，并进行了试点考试。

1998年1月，人事部、建设部印发了《人事部、建设部关于实施造价

工程师执业资格考试有关问题的通知》（人发 [1998] 8 号），对造价工程师的准入施行全国统一执业资格考试制度。1998年，造价工程师执业资格考试全面实施。经20余年的发展，全国注册造价工程师（现一级造价工程师）已逾20万，在建设项目中，发挥着价值管理、投资与成本控制、绩效管理与审计等方面的重要作用。

2. 造价工程师职（执）业资格制度建立的重要意义

（1）满足了我国建设管理制度的发展对工程造价专业人才的需要。20世纪90年代初，随着我国建设市场化改革的不断深入，以工程招标投标制度、工程合同管理制度、建设监理制度、项目法人责任制等"四制"为代表的工程项目管理基本制度的建立，工程索赔、工程项目可行性研究、项目融资等新业务的出现，客观上需要一批同时具有工程计量与计价知识，通晓经济法与工程造价管理的高级复合型人才在投资等经济领域进行项目管理。而造价工程师职（执）业资格的建立满足了这些新制度下处理新业务的实际需要。

（2）满足了工程造价业务发展的需要。随着对工程造价行业的定位从"被动地反映设计和施工"发展到"能动地影响设计和施工"，工程造价专业人员的工作已经从基础的算量计价发展为建设项目全过程投资管控。造价工程师职（执）业资格制度响应这一需要，培养专业人员从项目决策到竣工验收的全过程造价的合理确定和有效控制的能力，解决工程造价投资估算、设计概算、施工图预算、承包合同价、结算价、竣工决算价等全过程造价问题，实行"一体化"的管理体制，以取得建设周期短、工程质量高、投资节约的最大经济效益。

（3）满足了国际化发展的需要。为了应对国际经济一体化以及加入WTO后市场开放面临国外建筑业进入我国的竞争压力，必须要求工程造价的专业人才通晓国际惯例。建立工程造价专业人士体系是市场经济国家的通行惯例，无论是发达国家（如欧美国家），还是发展中国家（如印度、斯里兰卡等国家）都建立了相应的工程造价专业人士体系。造价工程师职（执）业资格制度的建立使我国工程造价专业人士和组织的国际交流日益加强，为日后加入各种国际组织和国家地区间的工程造价专业人士互认制度打下了良好的基础。

（二）造价工程师注册管理制度的实施与修订

为加强对造价工程师的注册管理，规范造价工程师的职（执）业行为，2000年3月，建设部发布了《造价工程师注册管理办法》（建设部令第75号）。标志着我国造价工程师注册管理制度的正式建立。

1．2000年《造价工程师注册管理办法》的主要内容

《造价工程师注册管理办法》（建设部令第75号）共八章三十一条，分别为总则、初始注册、续期注册、变更注册、执业、权利和义务、法律责任和附则等。

（1）明确了造价工程师注册条件。明确申请造价工程师初始注册首先通过造价工程师执业资格考试，取得合格证书，经准许注册后，颁发《造价工程师注册证》和造价工程师执业专用章。

（2）确定了造价工程师的执业地位。规定造价工程师只能在一个单位执业。并且工程造价成果文件，应当由造价工程师签字，加盖执业专用章和单位公章。经造价工程师签字的工程造价成果文件，应当作为办理审批、报建、拨付工程价款和工程结算的依据。

（3）规定了造价工程师应承担的法律责任。规定了造价工程师从事违法活动可能承担的民事赔偿责任、行政处分以及刑事责任。

《造价工程师注册管理办法》（建设部令第75号）的颁发具有重大的意义，为构建我国法定实施的、相对完善的造价工程师职（执）业资格制度奠定了基础。

2．2006年《注册造价工程师管理办法》的修订

随着造价工程师职（执）业资格制度的快速发展，2006年12月，建设部发布了《注册造价工程师管理办法》（建设部令第150号），对2000年《造价工程师注册管理办法》进行了修订。对造价工程师管理制度的若干方面进行了细化和完善。

（1）造价工程师执业资格申请条件的变化。由于国际交流的日益展开，中价协与香港测量师学会等组织资格互认制度的建立，因此规定了"外国人、台港澳人员"申请造价工程师注册的条件和程序。

（2）造价工程师执业范围的变化。伴随着我国2003年开始实施《建设工程工程量清单计价规范》（GB 50500-2003），从而对造价工程师的执业范围产生了影响，将"工程量清单、标底（招标控制价）、投标报价的编制和审核"等内容纳入了造价工程师的执业范围。

（3）进一步加强对造价工程师执业行为的监督管理。增加了"监督管理"作为独立的一章，细化了造价工程师撤销注册、注销注册以及收回注册证书和执业印章等多种监督管理手段，规范了造价工程师的执业行为。

随着国家"大部制"改革，2016年9月13日，住房和城乡建设部发布了《住房城乡建设部关于修改〈勘察设计注册工程师管理规定〉等11个部门规章的决定》（住房和城乡建设部令第32号），对2006年《注册造价工程师管理办法》进行了局部修订，主要是将原办法中的"建设主管部门"修改为"住房城乡建设主管部门"。

3．2020年《注册造价工程师管理办法》的修订

为贯彻落实国务院深化"放管服"改革、优化营商环境的要求，住房和城乡建设部于2020年2月19日发布了《住房和城乡建设部关于修改〈工程造价咨询企业管理办法〉和〈注册造价工程师管理办法〉的决定》（住房和城乡建设部令第50号），再一次对《注册造价工程师管理办法》内容进行修订。

（1）造价工程师的等级划分。在根据《住房城乡建设部、交通运输部、水利部、人力资源社会保障部关于印发〈造价工程师职业资格制度规定〉〈造价工程师职业资格考试实施办法〉的通知》（建人〔2018〕67号）将造价工程师划分为一级造价工程师、二级造价工程师的基础上，明确了两个等级的造价工程师各自的注册程序、管理机构和工作内容。强调一级注册造价工程师的执业范围包括"建设项目全过程的工程造价管理与工程造价咨询等"，而二级注册造价工程师的执业范围主要是"协助一级注册造价工程师开展相关工作"，并且规定"最终出具的工程造价成果文件应当由一级注册造价工程师审核并签字盖章"。

（2）深化"放管服"改革。简化纸介申报要求，通过推行电子化手段，严格初始注册、变更注册、延续注册的审核要求，强调造价工程师的各类注册必须提供"与聘用单位签订的劳动合同"的证明，并承诺"聘用单位为其交纳社会基本养老保险或者已办理退休"；要求"注册造价工程师的初始、变更、延续注册，通过全国统一的注册造价工程师注册信息管理平台实行网上申报、受理和审批"。既简化了行政审批手续，提高了办事效率，也收到了很好的市场规范效果。

（三）从执业资格到职业资格的转变

通常来说，职业资格是由执业资格与从业资格两个不同等级构成的。造价工程师制度从建立之初，一直使用"执业资格"的表述方式，其目的是与原概（预）算员的"从业资格"相区分，以表明造价工程师不是专业的入门基础资格，而是对学识、技术和能力已经达到较高标准，在通过国家定期举行的考试之后，能够依法独立开业或独立从事造价专业技术工作的人员。"执业资格"的获取是表明造价专业人员的水平和素质已经达到一定高度的重要标志。

《国务院关于取消和调整一批行政审批项目等事项的决定》（国发〔2016〕5号）发布后，全国建设工程造价员〔即原概（预）算员〕职业资格被取消，事实上已不存在与"执业资格"相对应的"从业资格"，因此"执业资格"这一表述已显得不再必要。直至《住房城乡建设部、交通运输部、水利部、人力资源社会保障部印发〈造价工程师职业资格制度规定〉〈造价工程师职业资格考试实施办法〉的通知》（建人〔2018〕67号），一级造价工程师与二级造价工程师均被称为"职业资格"。2020年发布的《注册造价工程师管理办法》第七条中也将"执业资格"改为了"职业资格"。自此，我国造价工程师完成了从"执业资格"到"职业资格"的转变。

二、造价工程师职（执）业资格考试制度的发展

（一）造价工程师职（执）业资格考试课程体系的构建

1997年，为了规范造价工程师的准入与考试，在建设部标准定额司的主持和人事部科技司的指导下，成立了全国造价工程师培训教材编写委员会，并完成《造价工程师执业资格考试大纲》的编写，《大纲》明确了造价工程师岗位应具备的知识结构和能力标准，成为造价工程师执业资格考试命题和编写培训教材的重要依据，为造价工程师执业资格的准入和考试制度的建立奠定了坚实的基础。在此基础上，一批知名专家学者结合工程造价管理的理论与我国工程造价管理的实际需要，编写了造价工程师执业资格考试培训指导用书。

在造价工程师职（执）业资格考试课程体系建立的过程中，对于造价工程师应具备的知识结构进行了大量的论证和研究，最终参考英国QS和北美CE的经验，并结合中国工程建设的实际情况，确定了造价工程师应具备的四大知识支柱：法律合同类、土木工程技术类、定额计价类、实务操作案例类。为了体现出这四类课程的内在联系，并突出造价工程师的专业特性，确定了造价工程师执业资格考试的四门基础课程：《工程造价管理相关知识》《工程造价的确定与控制》《建设工程技术与计量（土建工程部分）》或《建设工程技术与计量（安装工程部分）》《工程造价案例》。同时为配合这四门考核课程，还同时撰写了《工程建设定额基本理论与实务》作为辅助用书，但不作考核要求。

考试课程体系的确立对造价工程师职（执）业资格考试制度的建立和良性发展起到了决定性的重要作用，后虽经多次改版，但此课程体系至今仍然保留原框架性结构，明确了造价工程师执业所应具备的知识结构和能力标准。

（二）造价工程师职（执）业资格考试课程体系的改革和意义

随着1997年全国造价工程师9省市试点考试和1998年全国统一考试的展开，考试课程体系在发挥了巨大作用的同时，也出现与实际工作需要

不完全相符的一系列问题。因此1999年全国造价工程师考试停考一年，进行教材全面修订，并于2000年开始全面恢复了造价工程师考试。之后，考试课程体系又经过了多次内容和结构性调整。

1．2000年考试课程体系和内容的改革

2000年，造价工程师执业资格考试的课程名称未做改动，但经过一年多的梳理和专家论证，对各门课程的内容进行重新构建，形成了更加完整及符合专业工作实际需要的课程内容体系：

（1）工程造价管理相关知识。工程造价管理过程中需要的各种基础经济学、管理学和法律知识，主要内容包括：投资与融资知识、工程经济知识、工程财务知识、项目管理知识、经济法律法规知识以及基本的工程合同管理知识。

（2）工程造价的确定与控制。以工程造价的全过程确定与控制为主线，内容包括：基本的价值和价格理论、工程造价及其管理体制的基本概念、造价工程师执业资格制度、工程造价咨询服务业管理制度、工程造价构成、工程造价计价依据，以及决策、设计、招标投标、施工、竣工等各阶段工程造价的确定与控制的内容。

（3）建设工程技术与计量。其中土建工程部分包括工程材料、工程构造、工程施工和工程计量四部分基础知识；安装工程部分包括工程材料、设备、工程施工和工程计量四部分基础知识。同时考虑到安装工程专业划分较多，不同专业间知识差异很大，为考核需要，又将安装工程分为工艺管道及专用设备、电气与通信系统、自动化控制及仪表系统三个专业组。考生在参加本门课程考试时选答题部分（必答题80分，选答题20分）可任意选择其中一个专业组作答。

（4）工程造价案例。主要考察解决工程造价实际问题的能力，包括：建设项目财务评价的原理和指标体系、财务评价的静态、动态方法；设计、施工方案的技术经济分析与比较；工程量的计算与审查；补充定额的编制与审查；投资估算、设计概算、施工图预算、标底价的编制与审查；施工招标投标的程序、内容及做法，投标报价的策略与方法，评标定标的方法，合同价的确定方法；工程变更价款的处理，工程索赔案例的分析和索赔费用的计算；工程价款的结（决）算方法，工程款的支付、竣工结算的编制，新增资产的划分与核定；成本计划的编制方法，利用网络计划技术进行工程造价控制的方法。

2001年，由于《造价工程师注册管理办法》（建设部令第75号）和《工程造价咨询单位管理办法》（建设部令第74号）的发布，考试科目的内容也作了相应调整。

2．2003年考试科目体系和内容的改革

2003年，国家标准《建设工程工程量清单计价规范》（GB 50500-2003）的发布，我国正式确立了工程造价的市场定价制度，打破了传统方式下从投资估算直至最终的竣工结（决）算完全依赖统一定额的单一计价模式。定额计价模式与清单计价模式的双轨制并行也促使造价工程师的考试科目和内容进行了相应的调整。

（1）"工程造价管理相关知识"科目更名为"工程造价管理基础理论与相关法规"。由于原科目名称过于宽泛，科目内容的指向性不强，容易造成与其他科目内容的交叉与重复。更名后科目内容更加紧凑，即为了工程造价管理必须具备的基础理论知识和相关法规知识。主要包括：工程造价管理概论知识、工程经济知识、工程项目管理知识、工程财务知识和经济法律法规知识。

（2）"工程造价的确定与控制"科目更名为"工程造价计价与控制"。由于以清单计价方式为代表的市场定价机制不断成熟与完善，为了体现工程造价的市场属性，对工程造价这一管理对象不宜采用"确定"予以表述，而只能采用不同方法进行"计价"。科目名称修订后，内容主线也自然修订为建设项目全过程各阶段的计价与控制。

（3）建设工程技术与计量科目的调整。由于施工过程的方案选择与管理会极大影响工程造价，因此在土建工程部分将原工程施工的知识分解为工程施工技术和工程施工组织两大部分内容。安装工程部分对可选择的专业组进行了重新划分，分为管道工程供热、供水、通风、空调及照明系统；工艺管道、静置设备及金属结构（构件）；电气、电信、自动控制与仪表系统三个专业组。

（4）工程造价案例分析。将需要解决的实际问题进行归纳分类整理，确立了工程造价案例分析的六大模块内容：建设项目财务评价；建设工程设计、施工方案技术经济分析；工程计量与计价；建设工程招标投标；建设工程合同管理与索赔；工程款结算与竣工决算。

2006年，《建设项目经济评价方法与参数》（第三版）及2008年国家标准《建设工程工程量清单计价规范》（GB 50500-2008）的发布，考试科目的内容也作了相应调整。

3．2013年考试科目体系和内容的改革

至2013年，造价工程师考试制度已经经过了15年的积淀，同时国家标准《建设工程工程量清单计价规范》（GB 50500-2013）发布。对于造价工程师的执业能力已逐渐明确定位为建设项目全过程的投资管控。为适应这一职能定位的转变，对造价工程师的考试科目和内容再一次进行了调整。

（1）"工程造价管理基础理论与相关法规"科目更名为"建设工程造价管理"。主要内容包括工程造价管理的基本制度和内容、工程建设法规、工程项目管理的内容和方法、工程经济、工程项目投融资以及工程建设全过程造价管理的内容和方法。其中"工程建设全过程造价管理"是此次考试科目体系和内容改革中最重要的部分，即将全过程投资管控的内容在一门课程中用一章内容进行完整和系统地介绍，避免了之前相应内容分散在不同科目的不同章节中所引起的考生缺乏系统性投资管控思维的缺陷。

（2）"工程造价计价与控制"科目更名为"建设工程计价"。由于"造价控制"部分的内容在"建设工程造价管理"科目中已经系统阐述，因此本门科目主要围绕建设工程的全过程计价内容展开，主要包括：工程造价构成和基本计价依据；包括投资估算、设计概算、施工图预算在内的造价预测；以工程量清单计价方式为核心的合同价款管理；竣工决算的编制等。

（3）建设工程技术与计量。考虑到地质情况的差异会在很大程度上影响项目的工程造价，因此在土建工程部分专门增加了"工程地质"的

内容；同时安装工程的选考部分重新划分了专业，划分为：管道和设备工程、电气和自动化控制工程两个专业组别。

（4）建设工程造价案例分析。为突出全过程投资管控的要求，将原"建设工程合同管理与索赔"内容调整为"工程合同价款管理"。

造价工程师职（执）业考试制度在其发展的20多年过程中，多次重大的科目体系和内容的调整均紧紧围绕我国的工程造价管理制度的改革与发展，不断指引造价工程师知识结构和能力标准的发展方向，为我国造价工程师职（执）业资格制度的不断成熟奠定了的稳固而坚实的基础。

（三）造价工程师职（执）业资格考试的专业拓展

2018年，《住房城乡建设部、交通运输部、水利部、人力资源社会保障部关于印发〈造价工程师职业资格制度规定〉〈造价工程师职业资格考试实施办法〉的通知》（建人〔2018〕67号）发布实施。造价工程师的专业类别从原土建、安装两大专业拓宽为土建、安装、水利、交通四大专业。同时将"建设工程造价管理"和"建设工程计价"确定为基础科目，将"建设工程技术与计量"和"建设工程造价案例分析"确定为专业科目。考生在报名时可根据实际工作需要选择其一。

造价工程师职（执）业资格考试的专业拓展解决了长期以来各专业部委独立组织本专业造价工程师考试带来的分散化管理问题，保证了我国造价工程职（执）业资格制度在统一化、系统化的平台上稳步、健康、快速发展。

三、造价工程师的职能定位

（一）造价工程师职（执）业资格制度创立之初造价工程师的职能定位

根据2000年《造价工程师注册管理办法》（建设部令第75号）中

对于造价工程师执业范围的规定，可以看出造价工程师初始职能定位是为体现出与传统概（预）预算员的不同，要求造价工程师运用经济、管理、工程技术等知识，对建设项目造价进行控制和管理，使工程技术和经济管理密切结合，实现投资效益的最大化。造价工程师不仅应该具备基本的算量计价能力，还应能胜任建设项目投资估算的编制、审核及项目经济评价；工程概算、工程预算、工程结算、竣工决算、工程招标标底价、投标报价的编制、审核；工程变更及合同价款的调整和索赔费用的计算；建设项目各阶段的工程造价控制；工程经济纠纷的鉴定；工程造价计价依据的编制、审核等工作。这种职业定位适应了当时的投资环境，初步构建了全过程造价管理的执业人才制度。

（二）注册造价工程师管理办法的修订带来的造价工程师职能定位的变化

2006年《注册造价工程师管理办法》（建设部令第150号）的发布和2020年的修订，在造价工程师初始职能定位的基础上，突出了造价工程师通过专业能力和技术方法对方案进行比选、优化，进行工程价款管理等建设项目全过程的工程造价管理与工程造价的咨询能力，将造价工程师的职能定位拓展为以下五个方面，其目的在于提升项目的核心价值：

1．参与项目决策，加强投资管控

在项目决策阶段，造价工程师根据经济的发展、国家和地方中长期发展规划、生产力布局等完成项目建议书的编制；遵循技术先进性和适用性、经济合理性和有效性等原则对项目建设的必要性进行充分的论证；基于全寿命周期成本管理理念，采用科学的分析方法对项目建设期和生产前投入产出诸多经济因素进行调查、预测、研究、计算和论证，经过多方案比选，推荐最佳的项目决策方案，从而保证项目投资的必要性、有效性、合理性。

2．优化设计方案和施工组织方案，满足利益诉求

造价工程师能保证限额设计的有效实施，还能充分运用价值工程、

全寿命周期成本分析等理论，结合科学分析的方法，对设计方案进行全面的技术经济分析，提出设计方案优化的合理建议。造价工程师对施工组织方案中增加造价的内容提出相应的优化意见，促使各种资源得到合理的利用，保证施工组织方案的经济合理性。

3．进行招标策划，加强合同管理

在招标投标阶段，受雇于业主的造价工程师进行工程量清单编制及招标控制价的确定，受雇于承包商的造价工程师进行投标报价的编制和审核，进而保证项目招标投标的顺利进行。同时，造价工程师对建设工程合同缔约进行研究，加强合同签约管理，对合同履行过程中可能出现的问题提出相应对策和建议。

4．加强工程价款管理，提升项目价值

工程价款管理是控制工程造价，提升项目价值的手段，是发承包双方进行工程项目管理的有效途径。在实施价款管理时，造价工程师的主要工作是对预付款、进度款、质量保证金的支付、扣回与使用进行控制；对竣工结算审查与支付进行管理；确认合同价款的调整原则和方法；对工程变更和索赔进行管理；对产生的工程经济纠纷进行解决等。工程价款管理能够在保障各利益相关主体利益诉求的前提下，提升合同履约效率。

5．发挥专业能力，提供工程经济鉴证

我国目前存在大量的工程审计、工程纠纷鉴定和工程保险理赔业务。造价工程师作为建设工程审计、工程保险理赔核查和工程纠纷鉴定的专业人员，对建设单位或企业的整个投资过程进行审计监督；对承包商出具的出险通知单、事故现场所拍摄的影像资料和照片等资料进行核查；对项目建设各个环节中出现的工程纠纷进行鉴定，运用自身的专业知识提供工程经济鉴证。

2002年，中价协发布了《造价工程师职业道德行为准则》（中价协[2002]015号），要求造价工程师在具备相应的职业能力的基础上，还必须遵守"公平竞争、廉洁自律、保守秘密"等职业道德准则，对造价工程师的职能定位提供了有益的补充。

四、造价工程师的继续教育制度

造价工程师应执行终身教育制度，除提供基础能力的高等教育、提供核心能力的职（执）业教育外，还必须建立继续教育制度以提供造价工程师的发展能力。

（一）造价工程师继续教育制度的建立

为了配合造价工程师继续教育，根据《造价工程师注册管理办法》（建设部令第75号），中价协于2002年发布实施了《造价工程师继续教育实施办法》（中价协〔2002〕017号），系统规定了造价工程师参与继续教育的内容、方式以及学时要求。2003年非典期间，中价协率先在全国开通了网络教育。

近20年来，中价协会同各地、各行业相应继续教育机构，不断探索继续教育的形式与内容，力求切合实际，组织政府部门、设计、施工、咨询、教育等多领域的技术、经济、管理、法律等方面的专家制作了200多个课件，基本满足了专业人才继续教育的需求。通过多年的努力，造价工程师的培养形成了一套完整的从学历教育、执业教育到继续教育的终身教育培养体系，贯穿了造价工程师的整个学习和职业生涯。

（二）造价工程师继续教育方式、内容、学时的变化及意义

为适应2006年《注册造价工程师管理办法》（建设部令第150号）发布实施后的新形势，中价协于2007年再次发布了《注册造价工程师继续教育实施暂行办法》（中价协〔2007〕025号），对造价工程师参加继续教育的方式、内容和学时进行了相应调整。

1. 学时要求的调整

为使得造价工程师参加继续教育的时间安排更加灵活、自主。将"造价工程师每年接受继续教育时间累计不得少于40学时"修改为"注册造价工程师在每一注册有效期内应接受必修课和选修课各为60学时的继续教育。各省级和部门管理机构应按照每两年完成30学时必修课和30学时

选修课的要求，组织注册造价工程师参加规定形式的继续教育学习。"这样，造价工程师可以在一个注册有效期的4年内根据自身的需要和时间选择更合适的继续教育内容。

2. 参与方式的调整

随着信息技术的不断发展，除保留了传统的参加各种集中式、研讨式的继续教育形式外，还增加了"参加中价协或各省级和部门管理机构组织的注册造价工程师网络继续教育学习"作为可选择的继续教育参与方式，并且随着时间的推移，这一方式在继续教育活动中所占的比重在不断增大，成为最重要的继续教育学习形式之一。

3. 继续教育内容的调整

由于继续教育的内容往往具备前瞻性和未来的不可预测性，因此不宜在实施办法中做出过于明确的规定，因此办法中采用"注册造价工程师继续教育学习内容主要是：与工程造价有关的方针政策、法律法规和标准规范，工程造价管理的新理论、新方法、新技术等"的表述方式是合理的，给未来的继续教育内容选择留下了很大的空间。

从实际情况来看，近十年以来，由于PPP、EPC、装配式建筑、全过程工程咨询、BIM、绿色建筑、区块链等新项目类型、新管理范式、新技术范式等不断出现，中价协也与时俱进地将这些新内容适时加入到继续教育的学习内容中，取得了很好的效果，得到了全国广大造价工程师的一致好评。

五、造价从业人员从造价员过渡到二级造价工程师

（一）造价员制度的产生

除造价工程师职（执）业资格制度外，工程造价行业还需要大量的专业基础性人才。2005年，建设部发布了《关于由中国建设工程造价管理协会归口做好建设工程概预算人员行业自律工作的通知》（建标〔2005〕69号），随后再次发布《关于统一换发概预算人员资格证书事宜的通知》

（建办标函〔2005〕558号），明确将"概（预）算人员资格"命名为"全国建设工程造价员资格"。从此全国统一的造价员制度取代了分散化的概（预）算人员制度。

2006年，中价协制定并发布了《全国建设工程造价员管理暂行办法》（中价协〔2006〕013号）。明确"中价协负责组织编写《全国建设工程造价员资格考试大纲》和《工程造价基础知识》考试教材，并对各管理机构、专委会的考务工作进行监督和检查。各管理机构、专委会应按考试大纲要求编制土建工程、安装工程及其他专业科目考试教材，并负责组织命题、考试、阅卷、确定考试合格标准、颁发资格证书、制作专用章等工作"。形成了全国统一指导要求，各地方和专委会具体组织实施的造价员管理制度。

2011年，中价协再次发布了《全国建设工程造价员管理办法》（中价协〔2011〕021号），进一步加强了造价员的考试、注册、从业、资格管理、自律管理的内容，造价员制度逐渐向规范化、系统化、成熟化发展。

截止到2016年，我国形成了大约150万人的全国建设工程造价员的从业规模，为我国基本建设项目管理做出了重大贡献。

（二）造价员制度的取消

自2013年起，我国开始了大规模的政府"放管服"改革，将由政府通过行政审批项目和职业资格许可的事项逐步取消，而交由市场进行自主选择和管理。这也是我国政府行政体制改革的重大举措。

在这一大背景下，2016年，根据《国务院关于取消一批职业资格许可和认定事项的决定》（国发〔2016〕5号），造价员和其他60个职业资格许可和认定事项被取消。同时中价协也发文明确表示"我协会将围绕取消全国建设工程造价员职业资格事项与住房和城乡建设部、人力资源社会保障部进行积极沟通，及时发布进展情况。请各单位和广大专业人士密切关注相关信息。各地区、各行业造价员管理机构，各地工程造价协会、中价协各专业委员会要高度重视此项工作，应立即停止造价员职业资格考试的相关工作，并应做好宣传解释，确保队伍和社会稳定，及时反馈相关问题。各地造价管理协会、中价协各专业委员会应对已成为协会会员的造价员要继续做好会员服务"。从而催生了造价工程师职业资格制度发生变化,二级造价工程师职业资格应运而生。

(三)二级造价工程师职业资格制度的建立

2018年,《住房和城乡建设部、交通运输部、水利部、人力资源社会保障部关于印发〈造价工程师职业资格制度规定〉〈造价工程师职业资格考试实施办法〉的通知》(建人〔2018〕67号)发布实施。明确了造价工程师作为国家准入类职业资格,同时将造价工程师分为一级造价工程师和二级造价工程师两类。其中二级造价工程师职业资格考试全国统一大纲,各省、自治区、直辖市自主命题并组织实施。

2020年住房和城乡建设部发布实施了《住房和城乡建设部关于修改〈工程造价咨询企业管理办法〉和〈注册造价工程师管理办法〉的决定》(住房和城乡建设部令第50号),明确了二级造价工程师的执业范围。

由于二级造价工程师职业资格考试是在全国统一大纲的基础上,由各省、自治区、直辖市自主实施。因此,2019年以来,各省市已陆续开展二级造价工程师职业资格考试的教材编写和考试组织工作,二级造价工程师职业资格考试已在全国各地区迅速展开,形成一大批工程造价专业人才的基本力量,使造价工程师职业资格制度更加完善。

六、内地造价工程师与香港工料测量师互认

中价协和香港测量师学会均是两地唯一依法设立的专业组织,也是国际工程造价联合会(ICEC)和亚太区工料测量师协会(PAQS)等国际同业组织的正式成员。双方从20世纪90年代起就建立了紧密的合作关系,近30年来双方互相学习、互相借鉴,为两地专业人员的发展做了大量工作。随着经济的快速发展,中国正在越来越广泛且不断深入地参与国际经济建设之中。近年来,"一带一路"倡议得到越来越多国家和地区

的认同与参与，这些都为造价咨询业的改革和发展带来难得的历史机遇。

自2003年起，为促进加入世界贸易组织（WTO）以后的中国建设工程造价专业人员的发展和专业水平的提高，进一步加强内地和香港在工程造价管理方面的交流与合作，中价协和香港测量师学会就造价工程师和香港工料测量师的专业资格互认方面提出方案，在内地和香港举办工程造价研讨会，选择符合条件的造价工程师到香港测量师事务所学习培训，双方签署"合作意向书"。

根据《内地与香港建立更紧密经贸关系的安排》（CEPA）的精神，2005年，在建设部、香港环境运输及工务局的积极推动下，在人事部、商务部、国务院港澳办等部门的支持下，《内地造价工程师与香港工料测量师互认协议》于5月24日在北京正式签署，并分别在2009年、2015年在"互认协议"的基础上签署"互认补充协议"。内地与香港建设行业专业人士资格互认工作的开展不仅落实了CEPA关于"双方鼓励专业人员资格的相互承认，推动彼此之间的专业技术对交流"的具体要求，而且为CEPA关于建设领域其他安排的实施奠定了基础，在香港和内地均产生了积极的影响。在开展互认工作的同时，双方在行业管理体制、法律法规、经济合作等方面加强了交流，增进了解和友谊，具有双重职（执）业资格的专业人士对加强两地工程造价专业人员的交流与合作，推动内地与香港工程造价咨询行业的发展发挥了重要作用。

资格互认由双方协会各推荐不超过200名专业人员，对符合互认条件的人员进行必要的培训考试，培训内容主要是两地工程造价的运作方式以及相关法律、法规，两地项目管理、合同管理的模式及操作方法等。通过笔试和专业面试的人员即可颁发证书，香港工料测量师取得互认资格后可受聘、注册在内地工程造价咨询单位并执业，内地造价工程师取得互认资格后可受聘在香港的工料测量师事务所执业。中价协和香港测量师学会各自对对方所推荐的申请人有最后批准决定权。

迄今为止，共开展了三批内地造价工程师与香港测量师资格互认工作。其中，2006年3月公布了首批内地造价工程师和香港工料测量师互认名单，内地造价工程师取得香港工料测量师互认合格的有197名，香港工料测量师取得内地造价工程师互认合格的有173名；2011年10月，中价协与香港测量师学会完成了第二批内地造价工程师与香港工料测量师互认工作，最终确定了第二批内地造价工程师取得香港工料测量师学会会员资格172人，香港测量师学会会员取得内地造价工程师互认合格166名；2017年5月，双方开展第三批资格互认工作，内地造价工程师取得香港工料测量师学会会员资格133人，香港测量师学会会员取得内地造价工程师互认合格60名。

为做好这些香港专业人士在内地开展执业，根据《注册造价工程师管理办法》（建设部令第150号）的规定，建设部开展了造价工程师（香港地区）初始注册工作，先后为166名香港测量师学会会员颁发了内地造价工程师注册证书。

造价工程师与香港测量师的资格互认，对于造价工程师执业能力提升，以及进一步推动未来与其他国家或地区工程造价专业人士的互认都起到了重要的作用。

七、造价工程师职业资格未来发展的展望

（一）造价工程师职业资格制度的未来发展方向

1. 与国际接轨，完善造价工程师职业资格认证制度

面对新的国际竞争形势，包括一些新的项目融资管理模式（如PPP）、新的信息技术（如BIM、大数据、区块链、物联网等）的出现以及国际化趋势要求，我国的造价工程师必须适应新变化以达到国际化发展的要求，实现这一目标需要我国的造价工程师职业资格制度尽快实现与国际造价专业人士认证制度的接轨，提升我们造价工程师市场化、国际化、信息化的能力。

2. 建立造价工程师能力标准层级划分制度，完善梯次化管理

为适应我国建筑工程项目系统化及国际化发展，应对工程造价专业人才进行能力水平等级划分。结合我国工程造价行业的具体情况，综合

建筑市场对工程造价行业从业人员的能力要求及层次划分情况，可将我国工程造价专业人才划分为三个层级即领军人才、骨干人才和基础人才，以满足职业生涯不同阶段目标规划的需要。应当积极强化专业人才组织内部管理，在各方面提高资源配置效率，推进工程造价理论和实务创新，塑造工程造价行业民族品牌，推进造价事业国际化发展，进而形成具有引领作用的高端工程造价人才团队。

（二）造价工程师的未来培养方向

1．坚持职能定位与造价工程师能力标准匹配的原则

结合对造价工程师能力标准的层级划分，对造价工程师的职能进行准确合理定位。并逐渐形成以基础人才为基础，以领军人才与骨干人才培养为重点，分阶段、分层次人才培养的机制，使得基础人才能够从事项目实施阶段工程的计量计价工作；骨干人才能够从事全过程工程价款管理工作；领军人才能够从事全寿命周期的国际复杂工程的项目财务分析等工作。

2．构建"菜单式"继续教育课程体系

根据造价工程师执业范围、胜任能力以及不同专业、不同机构工作内容的差异性，造价工程师的继续教育应突出因材施教、按需施教，通过建立分级分类继续教育管理和认证体系，进一步提升继续教育课程质量，加大继续教育课程数量，逐步构建科学合理的"菜单式"继续教育课程体系。菜单式继续教育模式的构建是推动会员发展、提供会员服务的重要环节，是推动人才战略实施的重要措施。中价协、各地方协会及专业委员会应协调一致，加大以网络为主的继续教育课程培训，分工负责、密切配合，共同促进"菜单式"继续教育课程体系的设置及资源保障等长期运作事项，将行业人才队伍的建设落到实处。

专题四
工程造价专业学历教育的设立和发展

工程造价管理是综合运用管理学、经济学和工程技术等方面的知识与技能，对工程造价进行预测、计划、控制、核算、分析和评价的过程。改革开放后，随着我国国民经济的快速发展，建筑业、房地产业等行业快速兴起，我国工程咨询类中介机构也随之迅速发展，市场对会算量、计价，能够提升项目价值，熟悉施工企业成本管理，以及进行工程价格博弈的工程造价专业人员提出了强烈需求，高等院校的工程造价专业也随之产生，各大院校也相继开设了工程造价专业，培养了一批行业有需要、社会有需求的专业人员。这些专业人员在服务社会主义经济建设，充分发挥投资效益，维护正常的市场经济秩序等方面发挥了重要作用。

一、工程造价专业设立

自20世纪50年代起，国内部分高等院校相继设置建筑经济与管理或技术经济等本科专业，在其课程体系中设置了工程造价管理相关课程。20世纪90年代后，工程造价成为工程管理本科专业的一个重要方向。1986年，南方冶金学院（现江西理工大学）经国家有色金属工业总公司批准设立工程造价专业，成为最早设立工程造价专业的院校。进入21世纪以来，随着我国工程造价专业人才需求数量的不断增加，工程造价专业教育得到快速发展。2002年，天津理工大学经教育部批准在经济管理学院设立工程造价专业，并授了工学学士学位。2003年经教育部批准，部分高等院校在《普通高等学校本科专业目录》外独立设置了工程造价本科专业，与此同时，许多高等院校在土木工程类专业或工程管理专业中设有工程造价相关专业课程，或在研究生层面设置工程造价研究方向并开设相关课程。2012年教育部颁布的《普通高等学校本科专业目录》中，工程造价被列为目录内专业，越来越多的高等院校开始设立工程造价专业，工程造价专业的高等教育获得新的历史发展机遇。近年来，工程造价专业每年招收和毕业的大学生和研究生呈快速增长态势。

（一）开设工程造价专业的高等院校数量

1．本科院校数量

2003～2020年全国（内地）开设工程造价本科专业的高等院校数量如图1所示。

由图1可以看出，2003年全国（内地）只有1所高校开设工程造价本科专业，而且在2003～2012年间开设该专业的高等院校数量增长较为缓慢。在2012年工程造价专业正式列入《普通高等学校本科专业目录》后的5年间（2013～2017年），开设工程造价本科专业的高等院校数量快速增长，只是近3年的增长速度放缓。截至2020年，全国（内地）开设工程造价专业的高等院校数量已达273所。

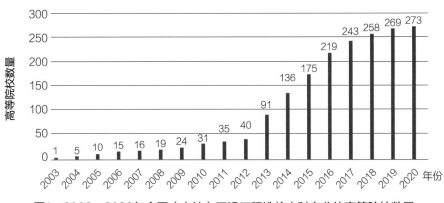

图1　2003～2020年全国（内地）开设工程造价本科专业的高等院校数量

目前，开设工程造价本科专业的273所高等院校地区分布如图2所示。

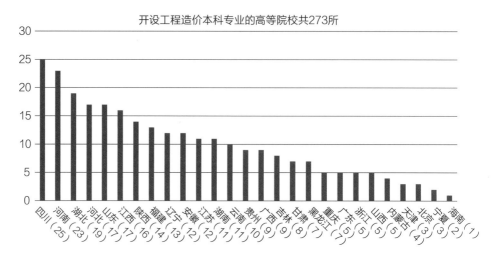

图2　开设工程造价本科专业的高等院校地区分布

由图2可以看出，全国（内地）有27个省、直辖市、自治区的高等院校开设工程造价专业。其中，四川省开设工程造价专业的高等院校最多（25所），其次是河南省（23所），紧随其后的是湖北省（19所）、河北省（17所）、山东省（17所）和江西省（16所），这些地区基本上都是建筑业大省，开设院校数量均超过15所。新疆、西藏、青海等地高等院校均未开设工程造价本科专业，宁夏也只有两所高等院校开设工程造价本科专业。

2．专科院校数量

截至2020年，全国（内地）开设工程造价专业的高职（专科）学校共有543所，地区分布如图3所示。

由图3可以看出，河北、河南两省开设工程造价专业的高职（专科）学校最多，分别有41所和40所；其次是江苏省（39所）、四川省（36所）、安徽省（32所）和山东省（31所），这些地区的开设学校也均超过30所。内地只有西藏自治区高职（专科）学校未开设工程造价专业。

汇总开设工程造价专业的本科及高职（专科）院校，全国（内地）共有816所。各地分布如图4所示。

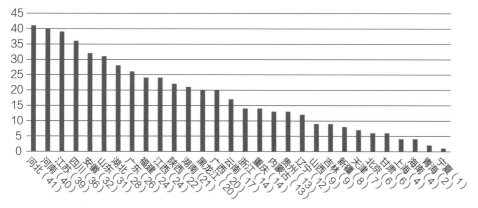

开设工程造价专业的高职（专科）院校共543所

图3　开设工程造价专业的高职（专科）院校地区分布

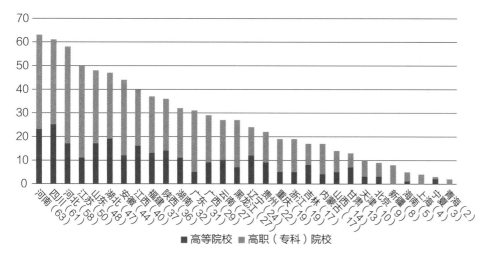

■ 高等院校　　■ 高职（专科）院校

图4　开设工程造价专业的本科及高职（专科）院校地区分布

由图4可以看出，除西藏自治区外，全国（内地）各省、市、自治区本科或高职（专科）院校均开设工程造价专业。其中，河南、四川两省开设工程造价专业的本科及高职（专科）院校数量最多，分别为63所和61所；河北、江苏两省也有50所以上的本科及高职（专科）院校开设工程造价专业。这些地区均属于我国建筑业大省，如此多的本科及高职（专科）院校开设工程造价专业，在一定程度上也反映出不同地区对于工程造价专业人才的社会需求。

（二）工程造价专业招生数量

近10年全国（内地）工程造价本科专业招生总人数及地区分布见

表1。10年间，工程造价本科专业招生总人数增长4.83倍。其中，增幅最大的是华南地区，从2011年的60人快速增至2020年的1241人，10年间增长19.68倍。

近10年工程造价本科院校招生总人数及地区分布　　　表1

年份	2011	2012	2013	2014	2015	2016	2017	2018	2019	2020
招生总人数	3609	4234	7909	11541	15138	17110	18836	20390	20955	21048
地区 东北	570	616	970	1462	1540	1611	1753	1854	1870	1844
华南	60	100	266	696	919	938	1257	1318	1330	1241
西北	140	162	710	1263	1381	1700	1827	1911	1954	1927
华中	480	601	1171	1698	2661	3033	3451	3736	3758	3903
西南	1502	1801	2830	3207	3838	4291	4561	4834	5193	5074
华北	424	479	900	974	1188	1441	1604	2098	2105	2093
华东	433	475	1062	2241	3611	4096	4383	4639	4745	4966

二、工程造价专业本科培养目标及课程体系

由于设立工程造价专业的高等院校众多，且不同高等院校设置专业的学科基础、基本教学条件等各异，造成不同高等院校的培养目标、课程体系、教学内容等存在较大差异。为了指导全国高等院校工程造价专业建设和发展，规范工程造价专业办学，住房和城乡建设部组建的高等学校工程管理和工程造价学科专业指导委员会（以下简称"专指委"）根据教育部、住房和城乡建设部要求，由"专指委"副主任委员刘伊生教授牵头，在中价协的大力支持下，组织"专指委"委员及工程造价行业部分专家，在调查研究国内外工程造价专业教育现状及发展趋势的基础上，综合考虑全国大多数设有工程造价专业的高等院校实际情况，制定了《高等学校工程造价本科指导性专业规范》（以下简称《工程造价专业规范》）。

《工程造价专业规范》作为工程造价本科专业教学质量国家标准化的一种形式，提出了国家对工程造价专业本科教学的基本要求，规定了工

程造价专业本科学生应学习的基本理论及应掌握的基本技能和方法。

《工程造价专业规范》经住房和城乡建设部人事司、住房和城乡建设部高等学校土建学科教学指导委员会审定，于2015年1月颁布实施。《工程造价专业规范》的颁布实施，对于指导和规范全国工程造价专业办学行为，提高工程造价专业人才培养质量发挥了重要作用。基于《工程造价专业规范》中的核心课程，"专指委"还组织编写了工程造价专业教材，这些教材均列入住房和城乡建设部土建学科专业"十三五"规划教材。

（一）工程造价专业本科培养目标

《工程造价专业规范》明确了工程造价专业本科生培养目标：培养适应社会主义现代化建设需要，德、智、体等方面全面发展，掌握建设工程领域的基本技术知识，掌握与工程造价管理相关的管理、经济和法律等基础知识，具有较高的科学文化素养、专业综合素质与能力，具有正确的人生观和价值观，具有良好的思想品德和职业道德、创新精神和国际视野，全面获得工程师基本训练，能够在建设工程领域从事工程建设全过程造价管理的高级专门人才。

工程造价专业本科毕业生能够在建设工程领域的勘察、设计、施工、监理、投资、招标代理、造价咨询、审计、金融及保险等企事业单位、房地产领域的企事业单位和相关政府部门，从事工程决策分析与经济评价、工程计量与计价、工程造价控制、工程建设全过程造价管理与咨询、工程合同管理、工程审计、工程造价鉴定等方面的技术与管理工作。

（二）工程造价专业本科培养规格

《工程造价专业规范》要求，工程造价专业人才培养应满足社会对专业人才知识结构、综合素质和能力结构的相关要求。知识结构包括：人文社会科学知识、自然科学知识、工具性知识和专业知识。此外，还应学习相关专业领域知识。综合素质包括：思想道德、文化素养、专业素养和身心素质等方面。

《工程造价专业规范》从综合专业能力和表达、信息技术应用及创新能力两方面，对工程造价专业人才的能力结构提出明确要求。

1. 工程造价人才的综合专业能力

（1）能够掌握和应用现代工程造价管理的科学理论、方法和手段，具备发现、分析、研究、解决工程建设全过程造价管理实际问题的能力；

（2）能够进行工程项目策划及投融资分析，具备编制和审查工程投资估算的能力；

（3）能够进行工程设计方案的技术经济分析，具备编制和审查工程设计概预算的能力；

（4）能够进行工程招标投标策划、合同策划，具备编制工程招标投标文件及工程量清单、确定合同价款和进行工程合同管理的能力；

（5）能够进行工程施工方案的技术经济分析，具备编制资金使用计划及工程成本规划的能力；具备进行工程风险管理的能力；

（6）能够进行工程计量与成本控制，具备编制和审查工程结算文件、工程变更和索赔文件、竣工决算报告的能力；

（7）能够进行工程造价分析与核算，具备工程造价审计、工程造价纠纷鉴定的能力。

2. 工程造价人才的表达、信息技术应用及创新能力

（1）具备较强的中外文书面和口头表达能力；

（2）能够检索和分析中外文专业文献，具备对专业外语文献进行读、写、译的基本能力；

（3）具备运用计算机及信息技术辅助解决工程造价专业相关问题的基本能力；

（4）初步具备创新意识与创新能力，能够发现、分析、提出新观点和新方法，具备初步进行科学研究的能力。

（三）工程造价专业本科课程体系

结合经济社会对工程造价专业人才实际需求，《工程造价专业规范》明确了工程造价专业知识领域包括四大类，即：人文社会科学基础知识、自然科学基础知识、工具性知识和专业知识。其中，专业知识部分又细分为五个知识领域，包括：建设工程技术基础、工程造价管理理论与方法、经济与财务管理、法律法规与合同管理、工程造价信息化技术。

《工程造价专业规范》作为一个专业指导性规范，推荐的专业课程见表2。

专业知识领域及推荐课程   表2

序号	知识领域	推荐课程
1	建设工程技术基础	工程制图与识图、工程测量、工程材料、土木工程概论（或其他工程概论）、工程力学、工程施工技术
2	工程造价管理理论与方法	管理学原理、管理运筹学、工程项目管理、工程造价专业概论、施工组织、工程定额原理、工程计量与计价、工程造价管理
3	经济与财务管理	工程经济学、经济学原理、会计学基础、工程财务
4	法律法规与合同管理	经济法、建设法规、工程招投标与合同管理
5	工程造价信息化技术	工程计量与计价软件、工程管理类软件

（四）工程造价专业本科核心教材

住房和城乡建设部"专指委"基于《工程造价专业规范》，组织业内专家、教授编写了工程造价专业本科核心教材。包括：《工程造价概论》《工程施工组织》《工程定额原理及应用》《工程计量》《工程计价》《工程造价管理》《工程招投标与合同管理》《工程造价信息化》。这些教材已入选住房和城乡建设部土建学科专业"十三五"规划教材，并已陆续在中国建筑工业出版社出版。

三、国外及香港地区工程造价专业人才教育培养启示

2019年，住房和城乡建设部标准定额司委托北京交通大学开展了"国际化工程造价专业人才培养研究"。课题通过分析以英联邦国家及中国香港地区为代表的工料测量（Quantity Survey，QS）和以美国为代表的造

价工程（Cost Engineering，CE）两大体系下的工程造价专业教育标准，同时考虑了日本工程积算制度下的工程造价专业教育，对比国内工程造价专业人才教育培养内容及模式，有以下三方面启示值得借鉴和参考。

（一）注重工程技术基础

国外及中国香港地区工程造价（或工料测量）专业教学中，均十分注重工程技术知识。即使没有设置工程造价专业，也要求工程造价管理专业人士具有坚实的工程技术基础。

在英国，大学工料测量专业核心课程中的工程技术类课程包括：施工技术、建筑材料、建筑设备、选址测量、土木工程技术等。在澳大利亚，大学工料测量专业学生在第一学年着重学习的是建筑技术、建筑环境、材料科学等工程技术类课程。在马来西亚，大学工料测量专业的通用核心课程中，包括施工技术、基本测量、建筑工程、工程测量等工程技术类课程。在新加坡，大学工料测量专业课程包含的四大核心模块中，全面建筑绩效模块就是由建筑技术、建筑材料和结构、建筑设备等工程技术类课程组成的。在中国香港，大学工料测量专业开设测量工作坊、建筑技术等多门工程技术类课程。以多种方式开设多门工程技术类课程的目的就是希望学生能打下良好的工程技术基础。

美国、日本等国高等院校虽不设置工程造价专业，但所有工程造价专业人士必须拥有工程学历背景或工程师资格，这也是要求工程造价专业人才必须具有坚实的工程技术基础的重要体现。同时，这些国家和地区都有一套严格规范的工程造价专业人士认可制度，都十分重视工程造价专业人才的知识融合。只有打好坚实的工程技术基础，并融合其他相关知识，才有可能在实践中发展成为一个全面、可靠、高素质的工程造价专业人才。

（二）培养实际操作能力

国外及中国香港地区大部分高等院校都通过安排形式多样化的实践类课程培养学生的实践能力。实践课程、行业实践、案例教学等方式是大部分高等院校最常用的实践教学方式，有的高等院校还安排学生到国外实习。

大部分高等院校以提交工作报告、论文等形式考核学生实习成果，英国及中国香港地区高等院校还要求学生提交日常工作记录，以保证实习工作质量。美国工程管理专业课程中，学生实习的学分所占比重大，在受美国建筑教育协会（American Council of Construction Education, ACCE）评估的高校中，实习学分占全部教学课时最高达36.17%。日本高等院校也十分注重对学生平时出勤及学习态度的考察，从各阶段各方面对学生接受实践教育进行有效监督。

（三）终身教育体系完整

工程造价专业人才的终身教育不仅包括高等院校提供的学历教育，而且还包括执业准入及职业发展阶段的继续教育。英美等国及中国香港地区的工程造价专业人士终身教育体系是在行业学会根据市场、行业需求所制定的能力标准引导下，通过采用不同的介入机制——专业认证制度、专业人士认可制度及继续教育制度等形成的。工程造价专业人士可在行业协会介入机制下形成的终身教育体系中获得"能力标准"所要求的能力，能够满足行业发展需要和个人职业持续发展需求。

国外高等院校专业认证制度并非以相关专业通过行业学会的认证为目标，而是从学生利益和行业发展需求出发，将确保毕业生获得行业学会资格所具备的能力作为最终目标。对毕业生而言，高等院校通过行业学会的专业认证仅是成为专业人士的一条通道。因此可以说，专业认证制度是行业学会介入高等教育机制的起点，是高等教育与专业人士注册执业制度的联系纽带。同时，获得经认证的高等教育通常是毕业生获得工程造价执业资格的先决条件。

四、适应改革发展新形势的工程造价专业人才教育培养

当前，我国经济正从高速增长转向高质量发展，建筑市场也随之发

生深刻变化。新形势、新需求、新发展，给工程造价管理领域带来机遇和挑战，同时也对工程造价专业人才教育培养提出新的更高要求。

（一）改革发展新形势给专业人才教育培养提出的新要求

1. 投融资及组织实施模式变革，要求拓展专业人才的知识和技能领域

近些年来，我国政府有关部门陆续出台一系列相关政策，正在大力推广政府与社会资本合作（PPP）、工程总承包（EPC/DB）、全过程工程咨询等工程建设投融资及组织实施模式。装配式建筑的快速发展，使得建筑业生产方式和商业模式也在发生着深刻变化。这些投融资及组织实施模式的涉及面广、管理界面宽、集成度高，对工程造价专业人员的综合素质提出了更高要求。工程造价专业人才的业务范围已不仅仅局限于算量计价、预算结算等基础性业务，需要有能力提供集技术、经济、管理及法律等知识为一体的整体解决方案和综合服务。工程造价专业人才知识和技能领域的拓展，对工程造价专业人才的高等教育提出了新要求。

2. 工程造价管理市场化改革，要求专业人才变革工作内容和方式

改革开放以来，我国工程造价行业一直在探索和实践工程造价管理改革。特别是2014年发布的《住房城乡建设部关于进一步推进工程造价管理改革的指导意见》（建标〔2014〕142号），进一步提出要健全市场决定工程造价制度，为"企业自主报价、竞争形成价格"提供制度保障；要以工程量清单为核心，构建科学合理的工程计价依据体系。2020年7月，住房和城乡建设部《关于印发工程造价改革工作方案的通知》（建办标〔2020〕38号）明确提出，要"推行清单计量、市场询价、自主报价、竞争定价的工程计价方式，进一步完善工程造价市场形成机制。"特别提出要"优化概算定额、估算指标编制发布和动态管理，取消最高投标限价按定额计价的规定，逐步停止发布预算定额"这一改革要求，对于长期以来工作重心在工程建设实施阶段，主要依靠修编预算定额、套定额计价的大量工程造价专业人员而言，无论是管理理念还是工作内容和方式，均带来巨大挑战。需要工程造价专业人员改变传统的套定额计价思

维，将工程造价管理工作重心更多地转移到策划分析、技术经济论证等智力型层面。与此同时，工程造价管理市场化改革也对工程造价专业人才的高等教育提出新要求，那种以"套定额"为主进行算量计价的工程造价专业教学内容和模式将会成为历史。

3．工程建造数字化转型，要求专业人才适应数字经济新时代

随着信息技术的飞速发展，数字化转型将成为科技革命和产业变革的主旋律。人工智能、建筑信息模型、区块链、云计算、大数据、物联网、5G等新技术与建筑产业的有效融合，将会驱动建筑产业数字化转型，推进智慧建造方式，重塑建筑产业新生态。这种革命性变革，将会改变工程造价专业人员的工作内容和方式，由计算机辅助算量计价发展为智能化算量计价，由粗放式人工管理发展为精准数字化管理，由工程造价专项管理发展为全要素集成化管理。工程造价管理数字化变革，将会极大地影响工程造价管理流程、数据、技术和业务系统，催生工程造价行业数字新生态，也给工程造价专业人才的高等教育带来巨大挑战，迫切需要高等院校改革教学内容和教学模式，使其所培养的工程造价专业人才能够适应数字经济新时代。

4．工程建造及咨询的国际化发展，要求专业人才熟悉国际工程管理规则

经济全球化形势下，我国"走出去"战略及"一带一路"倡议的实施，使得我国对外承包工程规模不断增长。2019年8月，商务部等19部门联合发布的《关于促进对外承包工程高质量发展的指导意见》进一步提出，要以基础设施等重大项目建设和产能合作为重点，加快形成国际经济合作和竞争新优势，推动对外承包工程转型升级和高质量发展。高质量的国际经济合作及工程承包，需要有高质量的工程投标报价及成本管理，同时也会进一步推动工程咨询走向国际市场。通晓国外政策环境、法律体系、合同范本及计价规则，是我国工程造价专业人才走向国际市场的必备条件。为适应工程建造及咨询的国际化发展，需要培养一大批具有国际视野、通晓国际规则的工程造价专业人才，而且还需要拓展国际金融、贸易及法律等知识结构和服务能力。这同样对工程造价专业人

才的高等教育提出新要求。

（二）新形势下专业人才教育培养改革思路

为了适应新的发展形势，主动应对新的挑战，工程造价专业人才的高等教育应关注工程造价管理市场化改革思路，转变传统的套定额计价思维方式，基于OBE（Outcomes-based Education）教育理念，深化教学内容及教学模式改革，以使其所培养的工程造价专业人才能够更好地适应建筑市场发展需求。

借鉴国外及中国香港地区专业人才教育培养经验，同时结合我国改革发展新形势对工程造价专业人才提出的新要求，高等院校应改革教学内容和教学模式，着重从以下六方面强化培养教育：①加强现代工程技术教育；②注重技术经济分析论证；③培养智力策划思维方式；④引入数字技术综合应用；⑤强化实践操作技能培养；⑥引导学生拓展国际视野。

专题五
工程造价行业国际交流与合作

改革开放以来，伴随着我国工程建设事业的快速发展，工程造价管理在推动规范化、市场化、创新性发展的同时，也在积极探索国际化发展的路径，通过积极引导行业协会加入国际组织、参与国际事务、加强对外交流与合作、带领工程造价咨询企业"走出去"等方式，为企业开展国际业务搭建平台，进一步拓宽工程造价专业人员的国际视野，不断扩大我国工程造价行业的国际影响力，促进企业国际化发展进程。纵观改革开放以来的国际化发展历程，不论是相关政府主管部门、行业协会，还是工程造价咨询企业，都在国家宏观方针指引下，从发展规划、政策制定、行业服务和企业践行等多个方面，从上到下、全面有序推进国际化发展进程，逐步提升我国建设行业在国际社会的竞争力和影响力。

一、政府相关部门的国际化指引

1978年，十一届三中全会的召开，使得建筑业成为实行改革政策后最早开放的行业之一。国际社会广为应用的工料测量开始进入中国，1979年的南京金陵饭店、1982年的北京香山饭店、1983年的上海新锦江大酒店等，都运用了工料测量顾问。为全面了解国际社会普遍应用的工料测量制度，1981年，由国家建委设计局与英国咨询局协商，派出国家建设设计局、电力部电力建设总局和冶金部钢铁设计研究总院三位同志组成的概预算赴英考察小组，在伦敦开展了为期半年的学习考察，对英国概预算制度的建立、发展，预算师的任务、作用，专业组织及人才培养等进行了全面细致的考察。1986年，建设部标准定额司邀请英国皇家测量师学会的多位专家来我国进行访问和学术交流。通过互访，双方都对对方国家关于工程造价管理体制有了一定学习和了解。1987年，建筑业开始学习"鲁布革"工程管理经验，推行建筑市场价格体制改革，允许价格浮动和禁止封锁建筑市场。为了进一步学习市场化计价的经验，我国又多次派出人员赴发达国家考察，例如，1992年在美国成本工程师协会（AACE）的邀请下，建设部标准定额司派出了造价管理考察团赴美访问，调研AACE及其地方组织、纽约市建设主管部门和美国的工程咨询顾问公司等。能源部（1993年）、电力工业部（1994年）、上海市工程造价协会（1996年）等也相继派考察团赴美国、加拿大等国家访问交流，通过上述交流访问，全面了解了发达国家工程造价管理方面的先进做法，对于结合我国国情、借鉴国际经验、探索具有中国特色工程造价管理模式发挥了重要意义。同时，也为《招标投标法》实施后，市场化工程计价模式的建立奠定了基础。

2001年，我国正式加入世界贸易组织（WTO），建筑行业开始加速国际化发展进程。2004年，为贯彻《建设事业"十五"计划纲要》，深化落实工程造价计价方式的改革，建设部发文开始正式推行与国际接轨的工程量清单计价模式，也相继建立了配合工程量清单计价的计价依据和配套管理办法等。从此，我国工程计价模式开始并入国际轨道。

"十一五"期间，建设部开始启动中国工程建设标准的国际化战略，开始有组织、有计划地开展我国工程建设标准英文版的翻译出版工作，为我国工程承包企业"走出去"积极创造条件。同时，为保证标准定额理论基础的扎实，开展《工程建设标准的国际化》等战略性课题的研究。落实《建设事业"十一五"规划纲要》要求，国家开始逐步加强和规范工程造价咨询企业资质和造价工程师管理，提升造价工程师整体执业和管理水平，使其接近和达到国外相关专业人士标准作为长期努力方向。

"十二五"期间，《建筑业"十二五"发展规划》提出了坚持国内与国际两个市场发展相结合的发展思路，要求加快实施"走出去"发展要求，调整优化队伍结构，形成一批具有较强国际竞争力的国际型工程公司和工程咨询设计公司。这一时期，与国际标准化组织的交流合作频繁。为落实"十二五"规划，中价协配合中国建设走出去的发展要求，开始重点培养适应国际工程造价管理业务的高端人才，参与国际工程造价咨询业务。

《建筑业"十三五"规划》提出了坚持统筹国内国际两个市场的发展思路，要求积极开拓国际市场，充分把握"一带一路"倡议契机，加快建筑业和相关产业"走出去"步伐。2017年，《国务院办公厅关于促进建筑业持续健康发展的意见》（国办发〔2017〕19号文）明确提出了要加快建筑业企业"走出去"的步伐，到2025年，争取与大部分"一带一路"沿线国家签订双边工程建设合作备忘录，同时争取在双边自贸协定中纳入相关内容，推进建设领域执业资格国际互认。2019年，国家发展改革委、住房和城乡建设部发布了《关于推进全过程工程咨询服务发展的指导意见》（发改投资规〔2019〕515号），提出了"加强咨询人才队伍建设和国际交流，培养一批符合全过程工程咨询服务需求的综合型人才，提高业务水平，提升咨询单位的国际竞争力"的要求，明确了我国工程造价咨询行业的国际化发展之路。国家发展战略的调整，促成了建筑行业一系列政策的出台，使得这一时期成为国际化交流最频繁、国际化探索最深入、国际化发展最迅速的重要阶段。为助推"一带一路"倡议实施，住房和城乡建设部开始推动工程造价全过程咨询服务和国际化研究，组织一系列中国工程标准国际化的调研工作，加强中外建筑技术法规标准的对比分析，推动中国标准与国际先进标准对接，加大中国标准翻译力度和宣传推广力度。为促进对国际社会工程造价规则的了解，实现我国工程造价的国际接轨，助力中国咨询企业走出去，住房和城乡建设部标准定额司开展了一系列相关课题研究，例如：发达国家工程造价管理模式研究，日本、英国工程造价管理研究，一带一路国家和地区工程造价管理制度对比研究等，研究成果为总结我国与国际社会普遍运用的造价规则特点、差异以及可供借鉴的经验等提供了一定参考，为推进我国工程造价领域的改革创新奠定了基础；同时，也为工程造价行业熟悉国际惯例提供了依据。响应国家号召，工程造价领域开始积极探索咨询企业、造价人员的国际化之路，将推进工程造价咨询企业规模化、综合化和国际化经营作为这一时期的发展目标，开始着力培育一批具有国际化水平的全过程工程造价咨询企业。

二、国际化拓展与服务

自1990年中价协成立以来，始终坚持党的领导，认真践行新时期对社会组织的职能定位，为政府、行业和会员提供服务，积极推动国家政策的落实执行。"十三五"以来，更是以促进行业向高质量发展为着力点，积极落实工程造价管理"市场化、信息化、国际化、法制化"改革任务，推动工程造价咨询行业向更高层次发展。在国际化方面，积极加入相关国际组织，履行相关国际组织成员的职责和义务；开展国际交流与合作，与多国建立双边合作关系；针对行业前沿问题进行学术研究和研讨交流，加强国际职业资格互认，培养龙头企业，全面推进国际趋同战略，取得了一系列成就。

1. 主动加入国际造价行业组织

主动加入国际社会具有广泛影响力的工程造价行业组织，充分利用国际平台，为我国工程造价行业建设与国际趋同工作创造有利的国际环境。2003年1月，中价协经外交部批准正式加入了亚太工料测量师协会（PAQS），成为其会员国成员。PAQS是在20世纪90年代初期成立的、代表亚洲和西太平洋地区工程造价专业人员的国际性组织，是亚太地区最有影响力的工程造价专业组织。时任中价协理事长徐惠琴女士代表中国在2013~2015年出任了PAQS主席，进一步提升了中国造价管理在亚太地区的影响力。2006年8月，中价协作为中国工程造价行业唯一代表的国家组织加入国际造价工程联合会（ICEC）。ICEC是由美国造价工程师协会（AACE）、英国造价工程师协会（A Cost E）以及荷兰的DACE和墨西哥的SMIEFC于1976年发起成立的、旨在推进国际造价工程活动和发展的协调组织，包括南北美洲、欧洲和中东、非洲、亚太地区四个区域性分会，在全球范围内具有广泛影响力。2015年，中价协加入了国际工料测量联盟（ICMS）。ICM联盟由全球140多个国家代表专业人士的非营利组织发起成立，联盟旨在通过建立通行的国际标准，统一对成本、工程分类和测量术语的理解，促进投资项目的可比性、一致性，利于统计和标杆管理。同时，中价协派员参与了国际工料测量标准的制定工作。除了加入国际组织成为其成员国外，中价协还先后与英国皇家特许测量师学会（RICS）、美国工程造价促进协会（AACE-I）、澳大利亚工料测量师学会（AIQS）、新加坡测量师及估价师学会（SISV）、日本建筑积算师协会（BSIJ）等国际同行业组织建立了良好密切的合作关系。通过加入国际组织以及与同行业国际组织建立合作关系，逐渐融入了国际工程造价的大市场，了解国际规则与国际惯例，并积极参与国际事务，与世界各国的专业团体一起，搭建知识平台和技术平台，共同发展和培养全球范围内造价咨询的行业精英，共享工程造价领域的先进技术，树立中国造价行业的国际形象和扩大国际影响力。

2．积极推进国际交流和互访

自2003年加入亚太区工料测量师协会（PAQS）起，中价协将推进与国际组织的交流互访常态化。一方面，将参加国际组织历年年会作为切实履行国际组织会员义务的重要举措，另一方面，也将组织行业精英参会作为培养我国造价行业精英、展示我国工程造价优秀成果的重要渠道。2003年至今，中价协共组织参加了亚太区工料测量师协会（PAQS）历年年会共17次；参加国际工程造价联合会（ICEC）世界大会6次；参加国际成本工程师协会（AACE）年会等国际会议3次。通过参加国际组织年会，交流工程造价技术的最新发展，共享造价管理领域的全球经验，共商工程造价管理领域大事，中国造价工程师与国际专业人士在高层互访、学术交流和继续教育等多个方面，共同探讨国际社会工程造价领域的共同发展，也持续为中国工程造价咨询企业参与国际市场竞争搭建交流平台。除参加年会外，日常与国际工程造价相关组织进行频繁交流互动，邀请或接见美国国际造价工程师协会（AACE）、英国皇家特许测量师学会（RICS）、澳大利亚工料测量师协会（AIQS）、韩国测量师协会、马来西亚工料测量师管理委员会（BQSM）、马来西亚皇家工料测量师学会（RISM）、新加坡测量师和估价师协会（SISV）、斯里兰卡工料测量师学会（IQSSL）等众多行业组织首脑或代表来访；2019年，赴境外开展"全生命周期工程造价管理"调研，上述交流活动，促进了与国际组织的相互了解和加深了友谊，建立与各国组织更加紧密的联系和沟通渠道，为进一步的合作奠定基础。进一步巩固和增强了中国在国际工程造价行业上的地位，增进了我国工程造价专业组织与世界其他专业团体的友谊与合作，为国内工程造价咨询行业继续向国际化方向发展提供了良好的沟通与交流平台。

3. 成功举办国际会议和组织研讨

早在2001年，建设部标准定额司、中价协和香港工料测量师学会就组织召开了"北京国际工程造价研讨会"，为国内外从事造价管理的人员提供交流的平台，加强我国与国外相关组织的联系。2005年与2013年，分别在大连和西安成功举办第九届和第十七届亚太区工料测量师协会（PAQS）学术年会。近年来，响应《国务院办公厅关于促进建筑业持续健康发展的意见》号召，围绕"一带一路"倡议下咨询企业走出去，造价咨询企业国际化、规模化发展，工程造价咨询企业国际化战略等主题，举办多场论坛和研讨会，探讨改革发展的新形势下，造价咨询行业国际化、规模化发展的挑战和路径。

4. 积极参与国际规则制定和文献翻译推广

从"十一五"时期开始，中价协按照《建设事业"十一五"规划纲要》，积极参与国际规则及标准的制定，加强国际文献的翻译和研究工作。组织翻译国际通行的影响较大、应用较广的专业标准及专业资料，将最新的、先进的理念和经验"引进来"，为企业及专业人士"走出去"提供服务。2004年中价协与香港测量师学会共同编撰了《英汉工程造价管理词典》，围绕专业性、复合性进行词条编撰，并详细列举了常用工程材料、机械等的汉语词汇对照等。2005年，中价协出版了《亚太区工料测量师协会第九届年会论文集》。2007年中价协与英国皇家特许测量师学会（RICS）共同编译了《英国建筑工程标准计量规则（第七版）》（SMM7中文版），提供了RICS标准计量规则的编制原则和使用指南，供我国建筑及房地产业工程造价管理与实践的专业人士借鉴使用。2013年，中价协翻译了我国工程量清单计价规范，由住房和城乡建设部、国家质量监督检验检疫总局联合发布了《建设工程工程量清单计价规范》（英文版）。2019年，重新编印了《英国工程建设预算工作简介》，对当时英国工程项目建造成本控制模式进行了全面、系统、准确的介绍。为了及时跟踪和发布国际社会工程造价管理动态，中价协健全了国际信息收集机制，从2019年开始定期发布《国际工程造价行业动态简报》，内容包括行业动态、协会动态以及国际造价信息发布等，例如，第1期详细介绍了ICEC发布的《最佳实践和标准清单》以及新西兰工料测量师协会（NZIQS）与澳大利亚工料测量师协会（AIQS）发布的《BIM最佳实践指南》等内容。为行业提供国际工程造价信息动态，为企业"走出去"提供信息支持。上述工作，有助于在国际化大背景下，分析借鉴国外先进经验，为我国造价管理改革提供参考，也有助于我国工程造价领域尽快熟悉国际社会计价规则，为今后开展国际工程造价咨询服务奠定良好的基础；同时，也在中国建造如火如荼发展的关键时期，将我国的计价模式推广到国际社会。

5. 培养国际化企业推进国际化业务

在培养工程造价咨询企业国际化发展方面，中价协组织知名企业进行了国际化发展路径的探索，总结了优秀企业的成功经验，在行业内进行推广宣传，为优秀企业搭建国际组织交流平台，一部分企业在深入学习典型国家工程造价管理思想、理论和方法的基础上，通过借鉴他国企业的经验，开始探索国际工程项目管理咨询模式，不断扩大企业业务范围，提升企业综合实力和国际竞争力。据对北京、河北、广西、广东、江西、陕西、上海、四川、新疆、浙江和重庆等11个省、直辖市、自治区的问卷调查分析，2018年，该区域工程造价咨询企业共承揽国际工程造价咨询项目132个，比上年增长8.2%；合同涉及工程造价金额1004.68亿元，比上年增长133.69%。我国工程造价咨询企业国际化进程正呈现加速发展态势，特别是伴随着我国对"一带一路"沿线国家基础设施投资和产业开发不断向纵深推进，必将为工程造价咨询企业实施国际化战略提供更加广阔的市场空间。

6. 积极开展国际化课题研究

近年来，随着"一带一路"倡议的全面推进，国内资金和产能逐步进入国际市场，为中国工程建设标准和中国工程咨询服务"走出去"提供了广阔空间。中价协针对造价咨询的国际开拓适时开展了系列课题研究，例如，"工程造价咨询企业国际化战略研究""国际工程项目管理模式研究""我国西南周边'一带一路'沿线区域国际合作建设项目工程造价管控思路与方法研究""工程造价标准体系及与国外标准体系对比研究"等，为了服务企业了解投资项目所在地市场规则和环境，做好投资风险有效管控，开展了"国外工程造价咨询业务指南"的研究和编写工作，上述研究成果对于工程造价咨询企业广泛了解与适应国际市场，规避风险，加速培育工程造价咨询企业的国际化视野和核心竞争能力具有一定参考意义。

三、工程造价咨询企业的国际化成长

随着"一带一路"倡议的实践及"亚投行"的成立，造价咨询企业迎来了实施"走出去"战略的机遇期。《关于推进全过程工程咨询服务发展的指导意见》（发改投资规〔2019〕515号）文件中提出"加强咨询人才队伍建设和国际交流，培养一批符合全过程工程咨询服务需求的综合型人才，提高业务水平，提升咨询单位的国际竞争力"，明确了我国工程造价咨询行业的国际化发展方向。

《关于促进建筑业持续健康发展的意见》（国办发〔2017〕19号）中明确指出，要培育全过程咨询，鼓励投资咨询、勘察、设计、监理、招标代理、造价等企业采用联合经营、并购重组等方式发展全过程工程咨询，培育一批具有国际水平的全过程工程咨询企业。在上述政策指引下，造价咨询公司必将延伸向工程咨询领域，为项目前期研究、决策及项目实施和运行提供全过程工程咨询服务。一些工程造价咨询企业面对国际市场挑战，开始进行战略调整，加快改革与发展，提升国际竞争力，快速适应国际市场的发展与变化，涌现了大量有实力的咨询企业，承担了大量有代表性的国际工程咨询项目。我国工程造价咨询企业，在过去的几年里为多家企业在海外投资的建设项目提供工程管理咨询服务工作，积累了丰富的海外项目经验，逐渐摸索形成了以投资管控为主线的全过程工程管理理念，结合设计、造价、施工等各个环节，始终在满足需求和成本控制之间寻求平衡点，成功地为业主投资建设的项目带来物有所值的建设精品。

四、展望

纵观改革开放40余年我国工程造价领域的国际化探索历程，可以看出，伴随着我国建设行业国际化发展进程，工程造价领域在加入国际组织、参与国际事务、加强对外交流与合作、带领造价咨询企业走出去等方面，取得了不少成绩，积累了不少经验。面对日趋激烈的国际竞争，在国际竞争意识培养、国际化人才队伍建设、咨询企业国际化业务拓展、我国造价标准的国际化推广、国际性事务话语权的增长等方面尚待进一步拓展，以全面提高我国工程造价领域的整体竞争力。

随着我国经济建设的快速发展，以习近平新时代中国特色社会主义思想为指导，在国内大循环为主、国内国际双循环相互促进的新发展格局之下，工程建设尤其是"新基建"仍将是国内经济发展的重要组成部分，外资的涌入，使工程造价咨询行业依然面临着国际化的发展机遇和挑战。同时，随着"一带一路"倡议的部署实施，我国对外的基础设施建设事业仍将如火如荼开展，我国企业在海外投资和经营的项目也日渐增多，中国企业国际化趋势越来越明显，因此，工程造价咨询走向国际化发展路径将是必然趋势。

国际形势风云变幻，工程造价行业的机遇与挑战并存。在国家坚持深化改革、扩大开放、推动建设开放型世界经济的号召下，我国工程造价行业将落实党中央、国务院关于推进建筑业高质量发展的决策部署，继续坚定信念、坚持发展，依托协会先进的管理经验和优秀的业界资源，联合国际专业组织，在参与国际专业活动、拓展国际市场业务、培养国际化人才等方面发挥推动性作用；抓住走向国际市场的重要机遇，不断提高企业在国际市场的竞争能力，将国内的优秀企业推向国际舞台，将国际先进的管理经验、专业理念吸收进来，共同促进中国工程造价事业的可持续发展。

专题六

工程造价鉴定与纠纷处理机制的建立与发展

改革开放以来，随着社会主义市场经济体制的建立和发展，工程建设项目发承包采用工程合同约定工程价款，在合同履行过程中，发承包双方由于发生变更设计、增加或减少工程量等原因会产生合同纠纷，而最终都会归结为对工程价格的纠纷。因此，如何建立合法地、有效地、公正地处理纠纷的工作机制，是工程造价管理的一项重要工作。

一、工程造价纠纷产生的背景和解决方式

（一）工程造价纠纷产生的背景及原因

1. 工程造价纠纷产生的背景

1949～1976年，我国实行计划经济体制，工程计价实行"量价合一、固定取费"的概预算制度，建设单位和施工企业采用完全一致的预算定额和计划价格计价，工程建设任务全部通过行政分配由各行政体系下的施工企业承担，发承包双方自然不会产生争议。1978年以后，随着改革开放的不断深入，我国经历了从计划经济向有计划的市场经济再到社会主义市场经济体制的变革。由此，思想观念发生变化，利益格局进行调整，单位与单位之间、单位与个人之间、个人与个人之间追求合法权益的意识增强，从而导致纠纷的发生。

2．工程造价纠纷产生的原因

由于工程建设的复杂性特点，产生工程造价纠纷的原因是多方面的，其中，主要有以下几个方面：

合同订立不明。合同内容不完备、约定条款不能反映当事人真实意思。合同约定不明或没有约定，合同条款约定矛盾，甚至出现黑白合同。

工程变更。例如改变结构、改变用途。

施工过程签证。例如更换施工标准、更换材料品质但又不确定价格。

（二）工程造价纠纷的解决路径

1．和解： 即当事人不再争执，归于和好，解决纠纷的最佳方式。

诉外和解：指争议事件当事人约定互相让步，不经诉讼平息纷争，重归于好。

诉后和解：指争议事件当事人为处理和结束诉讼达成解决争议问题的妥协协议，其结果是撤回诉讼或中止诉讼。

2．调解： 指争议事件当事人以外的第三者，在查明基本事实的基础上，通过说服、劝导、协商，促使当事人双方消除争议，自愿达成协议、解决纠纷的活动。

调解的目的：使争议事件当事人达成和解。

3．仲裁： 争议事件当事人一方向一致约定的仲裁委员会申请仲裁，其辅助的技术手段是工程造价鉴定。

4．诉讼： 争议事件当事人一方向有管辖权的人民法院起诉，其辅助的技术手段是工程造价鉴定。

人类社会的发展始终伴随着纠纷的产生、发展和解决，如何解决纠纷也是衡量人类文明程度的标尺之一。充分发挥工程建设领域各方面解决争议积极性，让当事人在轻松和谐的氛围中通过友好协商，达成双方都满意的结果，既有利于和谐社会的构建，又有利于促进工程建设的顺利进行。工程建设领域，各方能够达成和解自行解决纠纷的情况少之又少，而仲裁和诉讼耗时耗力。因此，调解成为工程建设领域化解矛盾纠纷的重要途径。

二、工程造价纠纷的调解

调解是多元化争端解决机制中的重要环节，中央高度重视调解在化解矛盾纠纷中的作用。2014年，《中共中央关于全面推进依法治国若干重大问题的决定》提出：要加强行业性、专业性人民调解组织建设，完善人民调解、行政调解、司法调解联动工作体系。2015年，中办、国办出台《关于完善矛盾纠纷多元化解机制的意见》（中办发〔2015〕60号），坚持人民调解、行政调解、司法调解联动，鼓励通过先行调解等方式解决问题。为了贯彻落实中共中央关于矛盾纠纷多元化解的意见，充分发挥行业协会在社会治理中的重要作用以及工程造价纠纷调解中的专业优势，中价协启动了工程造价纠纷的行业调解工作。

1. 产生背景

多年来，建设工程造价纠纷持续高发，具有案件数量多、涉案金额较高、处理难度大的特点。引发建设工程造价纠纷案件多发的原因既有客观方面原因，也有主观方面原因。客观上，主要是建设工程复杂性增加，施工难度增加，施工周期较长，工程变更普遍，行业规范性不强，人员素质不高，导致工程造价的认定难度大；主观上，各方订立合同不规范，内容不完备，合同约定的条款不能反映当事人真实意思，不严格履行合同条款，不按时拨付工程款。由于建设工程造价纠纷的专业性、技术性较强，通过诉讼、仲裁方式解决起来难度较大，高度依赖专业机构的造价鉴定结果，往往久拖不决，耗费社会大量资源。

相比于其他纠纷，工程造价纠纷直接关联主体巨大经济利益，合同的缺陷、认知的偏差、外界的影响、信息的不对称和沟通的障碍等，不可避免形成造价的纠纷，更迫切需要行业调解的深度介入和支撑。相比于诉讼、仲裁等传统争议解决方式，行业调解具有特有的优势。一是调解员熟悉专业。调解员由业内资深专家组成，既熟悉工程造价方面的专业技术，又熟悉工程造价方面的法律法规、规章制度、标准规范和行业惯例，在处理工程造价纠纷方面具有专业优势和丰富经验，能够代表和体现行业内的普遍认知。二是充分尊重当事人的意思自治。纠纷发生以后，是否同意调解由当事人决定，调解员可由当事人选定，代理人数及身份没有限定，调解过程中调解员充分尊重当事人合理建议和意见。三是能极大节省解决纠纷的成本。诉讼程序包括一审、二审、再审、执行等漫长环节，调解期限原则上不超过一个月。同时，在合法的前提下，调解可以不受法律关系、诉讼主体和诉讼请求的限制，尽可能一次性解决立、审、执的问题，有助于一揽子解决当事人之间的所有纠纷，真正达到案结事了。调解收费相对较低，一般仅为人民法院诉讼收费标准的一半。四是调解保密性强。按照最高人民法院要求，除个别案件外诉讼文书需公开上网；但调解文书不对外公开，且法院根据调解协议出具的调解书或者司法确认裁定是否上网也要征求双方当事人的意见，有利于维护当事人的声誉和形象。

为了发挥调解优势，妥善化解矛盾争议，最高人民法院和国务院各部门按照中央有关要求也出台了相应规定。2004年，最高人民法院出台了《人民法院第二个五年改革纲要》，提出"与其他部门和组织共同探索新的纠纷解决方法，促进建立健全多元化的纠纷解决机制"。2009年，最高人民法院出台《关于建立健全诉讼与非诉讼相衔接的矛盾纠纷解决机制的若干意见》（法发〔2009〕45号），鼓励和支持行业协会建立健全调解相关纠纷的职能和机制。2011年，司法部出台《关于加强行业性专业性人民调解委员会建设的意见》（司发通〔2011〕93号），提出要加强与社会团体联系和沟通，相互支持、相互配合，共同指导和推动行业性、专业性人民调解委员会的建立。2016年，最高人民法院出台《关于人民法院进一步深化多元化纠纷解决机制改革的意见》（法发〔2016〕14号），加强与行业调解组织的对接。积极推动具备条件的行业协会设立行业调解组织，在房地产、工程承包等领域提供行业调解服务。2013年，住房和城乡建设部发布的《建筑工程发包与承包计价管理办法》是住房和城乡建设领域第一个提出建立行业调解制度的规章，具有前瞻性，为行业开展调解业务奠定了基础，也为中价协成立行业调解组织提供了上位法依据。

2. 开展工作

2017年7月28日，中价协在北京召开工程造价纠纷调解委员会和工程造价纠纷调解中心成立大会，工程造价纠纷调解中心属于由中价协直接领导的全国性行业调解组织，业务上实行独立运行。2019年5月，中国建设工程造价管理协会工程造价纠纷调解中心更名为中国建设工程造价管理协会工程造价纠纷调解工作委员会（简称中价协调解委员会）。中价协调解委员会的宗旨是充分发挥行业协会的作用，积极探索适合我国国情的工程造价纠纷的调解模式，鼓励、引导当事人通过调解方式解决纠纷，推进行业自治，促进社会和谐。中价协调解委员会作为中立第三方，本着公益性、中立性和专业性的原则，以双方当事人的合意为基础，通过调解员的辨析、斡旋，以不违反法律规定为原则，快速、高效、公正地解决工程造价纠纷。中价协调解委员会承接并推动工程造价行业调解，受理当事人因履行建设工程合同和建设工程相关合同中发生的造价及财产性权益纠纷案件；协助各级人民法院和有关仲裁机构调解造价纠纷案件，提供专业技术支持；为行业协会、有关部门、机构和当事人提供法律建议，提供造价纠纷方面的法律咨询服务。中价协作为全国性行业组织，其调解工作具有较高的权威性。一是中价协拥有全国比较权威、专业的调解员。首批160名调解员由业内资深的造价工程师、法律专家、专业院校及科研机构的教授学者等组成，调解员都是层层推荐并经过中价协反复遴选，百里挑一，政治素质高，专业能力强，具有广泛的代表性和权威性。二是中价协具有行业内较高的技术水准。中价协负责研究起草相关的技术标准和规范，指导和规范执业行为，技术水平上有保障。三是中价协具有中立的立场。中价协是全国性社团，不会有地方保护主义倾向，当事人更容易产生信任。

目前中价协调解委员会开展的工作包括：一是完善调解制度。研究制定了《调解中心管理办法》《调解规则》《调解员聘任和管理办法》《调解员守则》《调解收费管理办法》，按照"密切配合、加强协作、充分协调、共同推进"原则，会同各省级造价管理协会共同推进行业组织造价纠纷调解工作，促进高效、规范、有序地解决工程造价纠纷。组织印制了《工程造价纠纷调解工作委员会调解手册》并发送各省级协会和有关调解员，起草了调解申请书示范文本和申请调解资料清单，进一步方便当事人提出申请。二是加强诉调对接。申请加入北京多元纠纷调解发展促进会，接受北京多元纠纷调解发展促进会的业务指导，积极组织调解员参加北京多元纠纷调解发展促进会的业务培训。主动加强与北京市朝阳区、海淀区、顺义区等相关基层人民法院对接，努力争取诉讼与调解对接渠道畅通。加强与仲裁机构的沟通联系，与相关仲裁机构签订战略合作协议，建立调解与仲裁对接机制。加强与交通运输水运工程造价定额中心等行业主管部门的联系合作，积极探索专业工程造价纠纷的调解路径与模式。三是依法依规进行调解。2019年2月中价协在郑州异地开庭调解了第一件造价纠纷案件，该案从受理申请到确定调解员、开庭调解、达成调解协议，仅用了一周时间，充分体现了中价协调解程序灵活和高效便捷的优势，受到了当事人的一致肯定。

3．工作展望

虽然行业调解可以高效地解决分歧和矛盾，但行业调解作为一个新生事物，社会对行业调解的认可度普遍不高，还没有形成通过行业调解解决争议的习惯，面临着不少困难和问题。一是配套政策不健全。目前调解组织性质、调解范围、调解收费标准、对应的税务发票、调解费开支科目、调解员资格、调解协议司法确认和强制履行等配套政策尚不完善，仅靠行业调解组织自行制定的管理制度，缺乏制度统一性、权威性和严肃性，影响和制约了行业调解组织的进一步发展和壮大。二是社会认可度还不高。行业调解作为一个新生事物，社会对行业调解的认可度普遍不高，还没有形成通过行业调解解决争议的习惯。调解组织自身宣传推广也不够，相比于法院、仲裁机构的声音比较弱，需要行业协会通过多种方式不断引导和宣传，营造良好的调解氛围，在行业中间逐步树立"有争议先调解"的理念。三是与法院对接难度大，没有统一的诉调对接平台，行业调解组织只能与一家一家法院单独对接，基层人民法院要对接，中级人民法院要对接，高级人民法院还要对接，重复工作多，效果也不好。四是行业调解组织生存压力大。调解成功是收费的前提，但调解能否成功受多方因素制约，即使调解不成功的案件，也需要投入大量时间和精力，却无法收取任何费用，仅靠调解收费收入无法维持正常运转。

行业调解在解决争议方面具有法院和仲裁机构所不具备的优势，不但为解决会员单位实际问题、密切协会与会员联系搭建了平台，还为行业可持续健康发展提供了指引，具有广阔的发展空间。

三、诉讼、仲裁案件中的工程造价鉴定

（一）工程造价鉴定产生的背景

改革开放以后，在工程建设领域，从政府投资一枝独秀进入到包含外资、民资在内的多元化投资主体并存，建设项目业主负责制、经济核算制、招标投标制以及工程合同制应运而生。工程造价的确定通过市场竞争，在合同中约定。由于合同当事人各自对利益追求的目标不同，合同意识不强，有的当事人不按合同约定履行，因而产生了合同纠纷。合同纠纷产生后，当事人之间不能和解，诉讼或仲裁就成了解决工程合同纠纷的最后渠道。由于建设工程施工周期长，专业技术要求高，施工组织环节多，因此，建设工程项目价格的确定具有单价性的特点。施工合同纠纷90%以上与工程造价相关，而进入诉讼的施工合同纠纷案件，法律性问题常常与专门性问题交织，人民法院或仲裁机构往往需要借助工程造价鉴定对待证事实的专门性问题进行鉴别和判断，出具鉴定意见辅助委托人对待证事实进行认定，因此，工程造价鉴定已成为审理建设工程施工合同纠纷案件的重要环节。

（二）工程造价鉴定的资格

根据《民事诉讼法》的规定，无论是当事人协商，还是人民法院指定的鉴定人，都应当"具备相应资格"。从工程造价鉴定产生的背景可以看出，工程合同纠纷是随着我国市场经济体制的建立而产生的，早期的工程造价鉴定，人民法院基本上委托具有工程造价管理职能的各级工程定额站承担。

　　1988年1月，国家计划委员会印发《关于控制建设工程造价的若干规定》（计标〔1988〕30号），根据新形势的需要，提出成立各种形式的工程造价咨询机构，接受建设单位、投资主管单位等的委托，从事工程造价咨询业务。从此，工程造价咨询业务进入工程建设领域。

　　1999年10月，国务院办公厅印发《关于清理整顿经济鉴证类社会中介机构的通知》（国办发〔1999〕92号），通知肯定了中介机构在服务社会主义经济建设的重要作用。但也指出存在乱执业等突出问题，背离了独立、客观、公正的行业特性，严重影响了其作用的发挥。因此，经国务院批准，决定对经济鉴证类社会中介机构进行清理整顿，工程造价咨询与会计、税务、律师、资产评估、价格鉴证等一起列入了清理整顿范围。整顿的目标是脱钩改制，促进中介机构独立、客观、公正地执业。国务院清理整顿经济鉴证类社会中介机构领导小组对这类机构给出了定义，其中包括："利用专业知识和专门技能接受政府部门、司法机关的委托，出具鉴证报告或发表专业技术性意见，实行有偿服务并承担法律责任的机构或组织。"该文件肯定了工程造价咨询企业在工程鉴定中的主要作用，也为企业承接工程造价鉴定业务奠定了基础。2002年前后，各级工程定额站逐步退出了工程造价鉴定领域。经过两年的清理整顿，国务院清理整顿经济鉴证类社会中介机构领导小组印发《关于规范工程造价咨询行业管理的通知》（国清〔2002〕6号），文中认为：改革开放以来，工程造价咨询行业在社会主义市场经济中发挥了越来越重要的作用。要求按照"法律规范、政府监督、行业自律"的模式建立完善行业管理体制。通过此次整顿，确立了工程造价咨询行业的独立地位，促进了工程造价咨询业的快速和健康发展。2000年1月，建设部印发《工程造价咨询单位管理办法》（建设部令第74号），2006年3月，建设部将其修改为《工程造价咨询企业管理办法》（建设部令第149号），并于2015年、2016年、2020年三次修订，再次明确了造价咨询企业业务范围包括："工程造价经济纠纷的鉴定"。

　　建设项目的估算、概算、预算、结算等工作都由具有技术经济专业知识和能力的概预算人员承担，随着改革开放的深入和工程建设的迅猛发展，社会对工程造价人才需求大增。为适应社会需要，1990年前后，不少地区和专业部门开始对工程概预算人员实行资格认证。1996年，经过多次的论证，建设部和人事部建立了造价工程师执业资格制度。2000年，建设部印发了《造价工程师注册管理办法》（建设部令第75号），并于2006年将其修改为《注册造价工程师管理办法》（建设部令第150号），均明确了造价工程师的执业范围包括"工程经济纠纷的鉴定"。

对于工程造价鉴定业务，出于不同的理解，地方和部门之间有时也会出台一些相互矛盾的规定。例如：2005年前有的地方出台了将所有专业的司法鉴定纳入司法部门登记的规定，2005年，全国人大常委会《关于司法鉴定管理问题的决定》规定国家对从事法医类鉴定、物证类鉴定、声像资料鉴定和其他应当对鉴定人和鉴定机构实行登记管理的鉴定事项实行登记管理制度，有的地方出现工程造价鉴定人盖章仅盖"司法鉴定人×××"印章，而不盖造价工程师执业印章的现象，个别地方甚至出现非造价工程师的司法鉴定人也在进行造价鉴定。

针对这一问题，2005年3月，建设部《关于对工程造价司法鉴定有关问题的复函》（建办标函〔2005〕155号）中明确"从事工程造价司法鉴定，必须取得工程造价咨询资质，并在其资质许可范围内从事工程造价咨询活动。工程造价成果文件，应当由造价工程师签字，加盖执业专用章和单位公章后有效。从事工程造价司法鉴定的人员，必须具备注册造价工程师执业资格，并只得在其注册的机构从事工程造价司法鉴定工作，否则不具有在该机构的工程造价成果文件上签字的权利"。

2006年6月，最高人民法院曾以法函〔2006〕68号复函："一、根据全国人大常委会《关于司法鉴定管理问题的决定》第二条的规定，工程造价咨询单位不属于实行司法鉴定登记管理制度的范围。二、……对于从事工程造价咨询业务的单位和鉴定人员的执业资质认定以及对工程造价成果性文件的程序审查，应当以工程造价行政许可主管部门的审批、注册管理和相关法律规定为据。"

2018年12月5日，司法部印发《关于严格依法做好司法鉴定人和司法鉴定机构登记工作的通知》（司办通〔2018〕164号），根据全国人大常委会法制工作委员会《关于建议依法规范司法鉴定登记管理工作的函》（法工办函〔2018〕233号）的要求，各地应依法停止开展除"法医类、物证类、声像资料类、环境损坏类"四类外司法鉴定机构及其司法鉴定人的登记工作。即明确了工程造价鉴定不在四类司法鉴定的登记范围，解决了工程造价鉴定机构和鉴定人重复登记的问题。

工程造价鉴定对鉴定机构的业务范围和鉴定人的专业能力的要求其实质是工程造价鉴定的资格问题，不具备资格，其鉴定意见必然不会被采信。《工程造价咨询企业管理办法》规定了甲、乙两级资质企业的业务范围。2018年7月，住房和城乡建设部、交通运输部、水利部、人力资源社会保障部印发《造价工程师职业资格制度规定》（建人〔2018〕67号）对造价工程师制度进行改进，将其划分为一级和二级造价工程师，明确只有一级造价工程师才有资格从事"建设工程审计、仲裁、诉讼、保险中的造价鉴定"。

（三）工程造价鉴定的展望

1. 工程造价鉴定存在的问题

长期以来，造价工程师存在着以工程结算的思维进行工程造价鉴定，忽略了工程造价鉴定应该遵循的司法程序，如对鉴定范围、鉴定事项随意决定，对证据的随意采用等；未制订鉴定工作方案，违规聘用非专业机构造价工程师进行鉴定等。以上问题导致当事人对鉴定意见投诉较多，存在鉴定意见书签署不符合要求，鉴定意见错误，鉴定周期过长，出庭作证回答质证不得要领等，从而对人民法院或仲裁机构裁判施工合同纠纷案件时，是否采信鉴定意见产生了一些负面影响。

2. 工程造价鉴定的作用

《建设工程造价鉴定规范》实施两年多来，受到了社会的极大关注，不少人民法院、仲裁机构在审理施工合同纠纷案件时，也将该规范作为委托、督促、检验工程造价咨询企业和造价工程师是否依法鉴定的依据。不少工程造价咨询企业和造价工程师按照规范组织鉴定工作、编制鉴定方案时都表示思路清晰了、界限明确了、工作顺畅了。有的工程造价咨询企业应用规范的条文、注重与委托人和当事人的沟通，将争议额巨大的案件调解成功，在鉴定工作中促使双方当事人和解，受到了委托法院的高度评价。实践证明该规范对促进工程造价鉴定水平的提高起到了十分重要的作用。鉴定人的法律意识明显增强，鉴定时间明显缩短，鉴定质量明显提高，鉴定书制作明显规范。鉴定规范规定的鉴定人承诺保证，委托书确定鉴定范围、事项和期限，鉴定书征求当事人意见等都被《施工合同司法解释（二）》、新的《民事诉讼证据》上升为法条，为下一步搞好鉴定工作提供了法律保障。

据不完全统计，全国工程造价鉴定收入从2012年的4.42亿元，占咨询业务总收入的1.26%，增加到2019年的22.33亿元，占咨询业务总收入的2.5%。年均增长20%以上。

3．工程造价鉴定发展展望

党的十八届四中全会审议通过的《中共中央关于全面推进依法治国若干重大问题的决定》指出："坚持以事实为根据，以法律为准绳，健全事实认定符合客观真相，办案结果符合实体公正、办案过程符合程序公正。"习近平总书记多次强调"努力让人民群众在每一个司法案件中感受到公平正义"。鉴定规范实施两年多来，包括《合同法》在内的《中华人民共和国民法典》颁布，最高人民法院出台了《关于审理建设工程施工合同纠纷适用法律问题的解释（二）》和《关于民事诉讼证据的若干规定》等最新规定，住房和城乡建设部、交通运输部、水利部、人力资源社会保障部对造价工程师管理出台了最新规定。需要我们认真学习新的法律和司法解释，在新的认知基础上，进一步提高工程造价鉴定水平，为人民法院、仲裁机构公正裁判工程合同纠纷案件作出应有的贡献。

第三篇

纪实篇

工程造价行业大事记（1949～2019）

● 1949年

10月1日 中华人民共和国成立。

10月21日 中华人民共和国政务院财政经济委员会成立。主任：陈云；副主任：薄一波、马寅初、李富春。下设计划局，局下设基建处，主管全国基本建设（包括标准定额工作）、城市建设和地质工作。

● 1950年

12月1日 政务院61次政务会议通过《关于决算制度、预算审核、投资的施工计划和货币管理的决定》，12月8日发布。为防止基本建设的盲目性，减少国家在经济、文化建设中的浪费，中央决定：中央人民政府或地方人民政府批准的一切企业投资或文化事业的投资，在请领款项以前，必须审慎设计，做出施工计划、施工图案和财务支拨计划，并须经过各该级人民政府或其财经、文化机关的批准。未经设计，未做施工计划、施工图案和财务支拨计划，或已作而未经批准者，财政部门应拒绝拨款。

是年 为适应我国面临着迅速恢复和发展国民经济、大规模进行基本建设的形势需要，建立了基本建设概预算制度，确定了概预算在基本建设中的作用；规定在设计编制阶段必须编制概算或预算，规定概预算的编制原则、内容、方法，概预算的审批、审定和修正办法；确定概预算各类编制依据——概预算定额。当时基本建设投资方面采用原苏联基本建设概预算制度。

● 1951年

3月28日 政务院财政经济委员会颁发了《基本建设工作程序暂行办法》。这是我国第一部全国性的基本建设管理法规。主要内容有：计划的拟订及核准；设计工作；施工与拨款；报告与检查；工程决算与验收交接等。明确规定了：初步设计应先勘察关于设计所必需之各种资料及情况，然后据以考虑技术上的可能性与经济上的合理性，确定建筑的规模和标准。

3月 陈云同志在中国共产党第一次全国组织工作会议上的讲话中提出：我们的干部"必须学会经济核算，算一算账，力求省一点"，指出"以前我们的经济工作搞的是'供给制'，不是经济核算制，现在要改变"，要"针对供给制的思想，提出一个经济核算制"。

8月10日 政务院财政经济委员会发布《关于改进与加强基本建设设计工作的指示》，其中针对当时基本建设未经认真的设计、盲目施工、严重浪费国家资财的情况，重申决定，一切新建工程，设计未经主管机关批准以前一律不得施工。一切新建单位，因设计资料不足或不正确者，应继续搜集所需资料，不得草率进行设计。

● 1952年

1月9日 政务院财政经济委员会颁发了《基本建设工作暂行办法》（财经计建字第24号）。该办法内容包括总则、组织机构、设计工作、施工工作、监督拨款与检查工作、验收交接与工程决算、计划的编制与批准及附则等八节。在设计工作中，要求初步设计的内容，应明确各工程部分及辅助建筑物的工程标准、建筑规模、工程进度。要求在初步设计和技术设计阶段都要"编制全部建设费用及分期用款数"。明确初步设计要编制"设计对象的全部工程概算及主要工程部分的个别概算，并附工程单价表"。"技术设计必须依据批准的初步设计编制，其内容不得违反已批准的初步设计所做的各项规定。技术设计及其所附的预算，经相应机关批准，即成为基本建设的最基本的文件"，"技术设计所附的预算是对技术设计各项费用的详细计算"。

● 1953年

5月 国家计委成立基本建设联合办公室，负责管理概预算工作。该办公室下设：设计组、施工组和城建组。

8月 国家计委在基本建设联合办公室设计组的基础上成立设计工作计划局。后于1954年初将设计工作计划局下设"组"改"处"，其中预算组与标准组合并，改为标准定额处。

● 1954年

2月10日 中共七届四中全会通过决议批准党在过渡时期的总路线："要在相当长的时期内，逐步实现国家的社会主义工业化，并逐步实现国家对农业、对手工业和对资本主义工商业的社会主义改造。"当年，国家计委印发《关于各级勘察设计机构编制及预算报送办法的规定》草稿。其主要内容是：（一）各级勘察设计机构均为事业单位，定员由中央主管部核定。（二）勘察设计机构为国营建设单位及国家管理机关进行勘察设计工作，一律不收勘察设计费。（三）勘察设计机构为私营、公私合营的建设单位进行勘察设计要收勘察设计费。为制造工厂进行非标准设备及金属结构的设计也要收设计费，因为其设计费已包括在设备及金属结构的制造价格内。（四）收费标准按国家计委《关于勘察设计收费办法》。根据此规定，工程勘察设计机构对国家投资的建设项目，实际实行的是一律不收勘察设计费。

是年 国家计委为了逐步建立和健全国家基本建设的设计预算制度，编制了《1954年度建设工程设计预算定额（草案）》，发至中央各部、各大区财委征求意见，并由各单位自行决定试用。这是我国第一本全国统一的建筑工程设计预算定额。

4月28日 政务院财政经济委员会印发《关于设计文件审批问题对八个工业部的通知》。主要内容是：在政务院批准《关于设计及预算文件审批程序》以前，为了及早安排设计文件审批工作，希望各部于5月10日以前将总投资超过以下限额的建设单位（冶金工业3000亿元；机械、采煤、化工、石油、建材、电力2000亿元；其他工业部门及工业中的文教卫生事业1000亿元；工业部门独立住宅、文化福利设施及其他工程250亿元）（注：以上金额均为旧人民币，新旧币之比为1∶10000）在1954年内可能提出设计计划任务书和初步设计的项目报送中财委，以便确定哪些项目由中财委或授权各部审批。

8月 国家计委颁发了《工业与民用建筑设计及预算编制条例》。内容包括：总则、设计基础资料、设计阶段、设计文件的编制、设计协议、设计及预算文件的批准、设计与预算的等级等。

11月 在国家计委设计工作计划局、基本建设联合办公室、基建局、城市规划局、厂址局、企业局、技术合作局等部门的基础上，成立国家建设委员会（第一届国家建设委员会）（简称"国家建委"）。第一届国家建委下设厅、局，即：科学工作局、设计组织局、标准定额局（以上两个局1956年改为设计计划局、建筑经济局）、劳动工资局、建筑企业局、建筑材料局、区域规划局、城市建设局、民用建筑局、交通局、重工局、燃料局、机械局、轻工局、办公厅。其中，综合性的局，如设计组织局、标准定额局等，主要抓基本建设、勘察设计等方面规章制度的制定、审查和管理工作；专业性的局，如交通局、重工局等，主要抓基本建设项目的设计审查工作。标准定额局设规范处、定额处、标准资料处、价格处和秘书处。

12月 国家建委颁发了《1955年度建筑工程预算定额》。

是年 国家计委颁发了《建筑工程设计预算定额（试行草案）》。

● 1955年

2月 国家建委颁发了《1955年度建筑工程概算指标（草案）》和《建筑安装工程间接费用定额》。

4月 国家建委颁发了《工业与民用建设预算编制细则》。其内容共八章：第一章，总论；第二章，预算中各项费用的确定和单位估价表的编制；第三章，单位工程概算书及预算书的编制；第四章，综合概算及综合预算书的编制；第五章，其他工程和费用概算书的编制；第六章，总概算书及总预算书的编制；第七章，补充单位估价表的编制、利用"类似预算"编制概算和概（预）算的修正；第八章，预算表格及报送国家建设委员会的预算文件。该《细则》是根据《工业及民用建设设计及预算编制暂行办法》制订的，用以说明工业及民用建设预算的详细编制办法，借以建立统一的基本建设预算制度。

7月8日 国务院常务会议通过，并于10月11日颁发了《基本建设工程设计和预算文件审核批准暂行办法》[（55）国秘字第139号]。该《办法》规定：凡国家投资和公私合营企业的基本建设工程的设计及预算文件，均须按该办法办理审核和批准。《办法》规定了各行业应由国家建委审核、国务院批准的设计文件及总概算项目的最低限额；国务院各部或各省、市、自治区人民委员会审核批准的项目的最低限额；省、市、自治区审批限额以下的基本建设工程的设计文件及总预算，其审核和批准程序由省、市、自治区人民委员会自行规定。《办法》规定：国家建委，国务院各部，各省、市、自治区人民委员会应设置审核基本建设工程设计文件及预算文件的工作机构。《办法》还规定了报送基本建设工程设计及预算文件时所应遵守的规定，以及审核机关在收到设计及预算文件后审核完毕的期限。

8月9日《人民日报》发表题为《做好设计预算是节约资金的重要环节》的社论。社论指出，"设计预算的准确与否，不仅影响占用国家拨款的多少，而且也是改善基本建设工作的一个重要环节""由于编制设计预算的组织机构仍不充实，制度还不健全，没有设计预算或预算没有批准就开工的现象仍然没有完全消除""要做好编制设计预算的工作，最重要的是要严格地按照国家规定的定额来编制""预算的编制制度也应作适当变更。今后，预算文件应由设计机构编制，设计人员应该对自己设计的工程的预算价值负责。"

9月27日 国家建委颁发了《工业与民用建设设计和预算编制暂行办法》和《工业与民用建设预算编制暂行细则》[（55）建组安字第20号]。内容共十四章：第一章，总则；第二章，设计任务书；第三章，设计基础资料；第四章，设计阶段；第五章，初步设计；第六章，技术设计；第七章，施工图；第八章，标准设计；第九章，预算；第十章，设计文件的编订；第十一章，设计预算文件的批准；第十二章，设计协议；第十三章，设计监督；第十四章，设计机构、设计委托人及其工作人员的责任；附录，预算表格。《办法》规定，基本建设项目应由国家的设计机构进行设计，阐述了该《办法》的适用范围，对设计委托方式，设计单位的责任，设计任务书的内容，设计基础资料内容，设计阶段的划分，各阶段设计文件应包括的内容及深度，标准设计任务书的编制、范围、审批权限，总概算及总预算的内容，设计图纸签署范围、装订规格、报批规定，审批机关的审批期限，设计应取得有关机关协议，设计人应对施工进行监督等均作了详细的规定。

12月 国家建委颁发了《1955年度工业与民用建设中其他工程和费用指标（草案）》和《1955年度建筑工程预算定额（上、下册）》。

● 1956年

2月22日~3月4日 国家建委组织召开全国第一次基本建设工作会议。国家建委主任薄一波在会上作了《为提前和超额完成第一个五年计划的基本建设任务而努力》的报告。报告认为"大力加强标准设计工作，有计划、有组织地大量重复使用比较经济合理的设计，这是在目前条件下改善我国设计工作最重要的、见效最快的措施之一""应该很好地翻译和学习他们有关基本建设的技术规范，标准定额和规章条例及其他方面的经验""可以依照苏联的办法实行"。

3月 国家建委颁发了《1956年度主要建筑工程间接费定额汇集》。

4月 国家建委颁布《1956年建筑安装工程统一施工定额》，包括劳动定额、材料消耗定额和建筑机械台班定额三部分。

7月 国家建委颁发了《建筑材料、设备和运输价格表》。

8月9日 国家经委、国家建委联合颁发了《1957年民用建筑造价指标》。内容包括住宅、宿舍、办公楼、中学、小学、食堂、医院、电影院、幼儿园、托儿所、门诊部、俱乐部、图书馆、邮电局、商店、储蓄所等24种民用建筑造价指标，作为各部门编制1957年设计和计划的依据。该指标系某些城市为中心，将全国分为六个造价标准地区：（1）北京、天津、西安、太原等地区；（2）长春、哈尔滨、齐齐哈尔等地区；（3）沈阳、包头等地区；（4）兰州地区；（5）济南、洛阳等地区；（6）上海、武汉、南京、重庆、广州等地区。凡本指标未列地区，由省、市、自治区根据当地实际情况，参照国家颁发的指标水平拟定。该指标不包括室外工程造价及采暖工程造价。室外工程，楼房建筑每平方米造价按该造价指标的3%～5%计算，平房酌情办理。采暖工程造价按该造价指标的5%～7%计算。

10月 国家建委颁发了《标准设计的编制、审批、使用暂行办法》。自1956年12月起在全国试行。该办法共五章，主要包括：标准设计的计划，标准设计任务书，初步设计、施工图、概算、预算的编制，标准设计的协议和审批，标准设计的使用。

10月 国家建委颁发了《1956年至1957年建筑安装工程冬季施工增加定额》。

11月 国家建委颁发了《1956年建筑安装工程冬季施工劳动定额修正系数》。

11月 国家建委颁发《建筑工程预算定额》第一册、第二册,自1957年1月1日开始实行。第一册的主要内容是:土方和爆破工程、打桩工程、砖石结构、混凝土及钢筋混凝土结构、木结构、金属结构、楼地面、屋面、烟囱、装饰工程和绿化工程的预算定额。第二册的主要内容是:室内、外给排水工程,暖气工程,通风工程,绝缘和刷油工程的预算定额。

12月13日 国家建委、国家经委联合颁发了《1957年民用建筑经济指标的规定》,对面积定额和平面系数、每平方米建筑面积的造价、住房与单身宿舍建造数量的比例、建筑楼房与平房的比例、高级住宅适用的范围、城市利用率及室外工程费用等问题作了规定。

12月 国家建委颁发了《建筑工程地区单位估价表的编制办法》,附有《对供销部门手续费和材料采购保管费的计算规定》和《关于对建筑材料、设备及运输价格的补充规定》。

是年 国家建委在原设计组织局、标准定额局的基础上,调整成立设计计划局和建筑经济局。设计计划局下设标准规范处,主管全国基本建设设计标准、规范工作。建筑经济局,负责管理概预算工作。与此同时,国务院有关部门相继建立了机构。各设计单位也设有技术经济室、预算室等,充实了专业人员。概预算人员占设计人员总数的8%~9%。

● 1957年

1月 国家建委颁发了《关于编制工业与民用建设预算的若干规定》。该

《规定》是在总结《工业及民用建设设计及预算编制暂行办法》和《工业与民用建设预算编制细则》施行以来的经验教训基础上制订的。它的主要内容是，"工业与民用建设无论两段设计或三段设计，初步设计阶段均编制概算。初步设计概算经批准后作为确定建设投资的最高限额以及编制基本建设计划、签订包工总合同或年度合同的依据；在技术设计的修正概算或施工图设计阶段的预算未批准前，施工准备工作的价款和材料预付款可以根据初步设计概算拨付。"明确规定了各个阶段初步设计概算的编制依据。"无论两段或三段设计，施工图阶段均根据施工图、技术设计的施工组织设计（三段设计时为初步设计的施工组织设计）、地区单位估价表或预算定额等编制预算。""施工图预算经批准后，作为建设拨款和竣工结算的依据；如能及时提出，可以作为编制与修正基建计划及签订包工合同的依据。""国外设计施工图预算应由国内配合的设计机构负责编制与报送。如由数个设计机构共同配合时，主体配合设计机构，除完成本身的预算工作外，并应负责编制综合预算及总预算，如无国内配合的设计机构时，其预算由主管部在年初根据工作量的大小指定一个设计机构负责编制。""施工图发出后，如由设计机构修正施工图而影响预算价值时，设计机构（或其驻工地代表）应会同建设单位、施工机构编制预算价格增减差额表，以修订原预算价值，并抄送当地建设银行一份。如建设单位或施工机构提出修改施工图时，经设计机构（或驻工地代表）同意后，由建设单位编制预算价值增减差额表（施工机构派员参加），以修正原预算价值，并抄送施工机构及当地建设银行各一份。以上预算价值增减差额表，由建设单位按单位工程汇总后报送主管部（局）及原设计机构各一份。""施工图预算，不得超过各该项目的综合概算、总概算（修正概算）时，建设单位可以在年度基建计划所列项目及不可预见的工程和费用（即预备费）内调剂，若调剂后仍不能解决时，应报请主管部（局）处理。""为了使建设工程在技术上的先进和经济上的合理，各阶段的预算文件，应由承担该项目设计任务的设计机构编制。"

　　5月31日～6月7日　国家计委、国家建委、国家经委联合召开全国设计工作会议，贯彻勤俭建国方针。会议动员全国设计人员用整风精神检查和总结第一个五年计划的设计工作，从中吸取经验教训，便于在"二五"期间更好地贯彻勤俭建国方针。中央各经济建设部门负责干部、100多个设计院负责人、著名的建筑专家等900多人参加了会议。会议期间国务院副总理李富春、国家建委主任薄一波作了报告。李富春的报告综述了第一个五年计划的伟大成就和某些缺点、错误，提出了基本建设和设计中的几个政策问题，就企业规模、设计标准、技术装备水平、争取国内设计和国内制造设备、工业布置和协作、城市规划和民用建筑问题等的政策作了详细阐述。提出了厉行节约、降低工程造价问题，初步估计，在保证质量的条件下，"二五"同"一五"比较，工业建设方面建设同等生产能力的工程可节约20%～30%的投资，民用建筑平均造价可降低30%左右，提出了一些降低工程造价的措施。薄一波的报告讲到了对几年来基本建设成绩的估计，还讲了建设方针、城市规划、协作配合、修订各种标准定额问题，勉励大家学会勤俭建国本领，根据中国的特点——穷（经济落后）、多（人口多）、少（耕地少）三个字考虑问题。会议期间，代表们分组讨论了李富春、薄一波的报告，很多设计人员在大会上发言或用书面形式发表了意见，交流了设计中节约的经验，提出了一些重要的节约建议，大家认为工业、民用建筑造价"二五"比"一五"减低20%～30%是完全可能的。

7月 国家建委颁发了《建筑工程预算工程量计算规则（草案）》。

是年 国家建委颁发了《关于编制工业与民用建设预算的若干规定》《建筑工程扩大结构定额》《建筑安装工程间接费定额汇集》。

● 1958年

6月18日 国家计委、国家经委颁发了《关于基本建设预算编制办法、预算定额、建筑安装间接费用定额等交由各省、区、市人委，各部管理的通知》[（58）经筑孙字第0927号]。通知中指出：在国民经济大跃进的

135

第三篇 纪实篇

过程中，反映出来我们过去规定的有关基本建设预算工作的各项制度、定额、指标，有些订得过多、过死和脱离实际的缺点。为了及时克服这些缺点和适应体制下放的要求，决定从即日起，将基本建设预算编制办法、预算定额、建筑安装工程间接费用等，统交各省、自治区、直辖市负责管理，并对过去一切不适合的规定加以修改。有关专业性定额，由中央各有关部门负责修订、补充和管理。

9月 国家经委建筑经济局并入建筑工程部，局内设预算制度处、定额处和秘书组。

● 1959年

是年 施工企业的法定利润被取消，概预算只反映了工程成本，而不反映工程完整的价值。

● 1960年

1月10日~1月19日 国家计委、国家建委、财政部在广州召开了全国基本建设投资包干经验交流会议。会议肯定了基本建设中实行投资包干是一种好办法，要求建设部门、建筑部门、财政部门、建委、计委、建设单位、建筑企业、设计机构、建设银行等各方面要密切合作，把这项工作做好。

● 1961年

1月 第二届国家建委撤销。保留的设计局、施工局、城建局均并入国家计委，其他各个专业局也分别并入国家计委有关局。设计局、施工局合并成立设计施工局，负责全国的工程建设勘察、设计、施工标准规范和概算预算定额等工作。

● 1962年

5月 国务院批准发布基本建设和设计工作的三个文件：《关于加强基本建

设计划管理的几项规定（草案）》《关于编制和审批基本建设任务书的规定（草案）》以及《关于基本建设设计文件编制和审批办法的几项规定（草案）》。其中《关于编制和审批基本建设设计任务书的规定（草案）》中，对设计文件的编制规定："扩大初步设计或初步设计阶段应当编制概算，技术设计阶段应当编制修正总预算，施工图阶段应当编制预算。所有概算、预算都应当由设计单位负责编制，必要时可以吸收建设单位和施工单位参加编制施工图预算。"对设计文件的审查和批准权限规定，"中央部直属的大中型建设项目和地方管理的重大建设项目的扩大初步设计和总概算或初步设计和总概算由主管部审查批准。地方管理的一般大中型建设项目的扩大初步设计和总概算或初步设计和总概算由省、市、自治区人民委员会审查批准并抄送中央主管部。特别重大的建设项目的扩大初步设计和总概算或初步设计和总概算，国务院认为必要时，可以指定由主管部提出审查意见，报国务院批准。地方管理的一般大中型建设项目中的重要建设项目的扩大初步设计和总概算或初步设计和总概算，大区计划委员会认为必要时，亦可指定由省、市、自治区提出审查意见，报大区计划委员会批准。"

● 1963年

1月2日 国家计委印发了《关于1963年编制基本建设预算的通知》[（63）计设程字007号]。主要内容是：为了更好地贯彻《国务院关于基本建设设计文件编制和审批的几项规定（草案）》，编制预算的各项定额、费用指标等依据，必须由中央统一管理。但在没有新的统一定额、费用指标可以执行以前，对1963年编制预算的依据问题，作如下规定：（1）关于建筑工程预算定额、材料预算价格和1958年下放给各省、市、自治区管理的其他费用指标，1963年仍继续按各省、市、自治区现行的规定编制预算。其水平需调整时，请各地和有关部共同研究，在1962年现行规定的基础上，分别确定调整系数。（2）关于铁道、邮电、矿山和工业炉砌筑等专业通用建筑工程预算定额及其间接费用定额和设备安装价目表，1963年仍由中央主管部负责编制与管理。至于1963年按哪个定额、费用

指标编制预算，请各主管部负责会同有关部门共同研究确定。（3）关于
一般建筑安装工程间接费用定额，1963年暂请建筑工程部负责会同有关
部门在1957年原国家建委颁布的间接费用定额基础上，研究确定取费标
准，报国家计委批准。（4）各部、各省、市、自治区在调整各种定额、
费用指标价格的水平时，一般均应比1962年的实际费用有所减少。

9月10日 国家计委印发了《关于汇总1963年编制基本建设预算依据的通
知》[（63）计设杨字3053号文]。将各有关部和各省、市、自治区根据
国家计委（63）计设程字007号《关于1963年编制基本建设预算依据的通
知》已送来的1963年编制预算的各项依据和调整系数汇总通知，以便各
有关部门编制基本建设预算时采用。并作了说明：（1）这次汇总通知的
1963年编制预算依据，只包括各有关部和各省、市、自治区已经送来的
通用的编制预算依据，尚有一部分地区和部门未通用的编制预算依据，
请有关部和有关省、市、自治区自行通知有关部门执行。（2）外包工程
除在1963年甲乙双方已签订包工合同和已竣工结算的工程，仍按原定的
编制预算依据执行外，其余工程均应按此通知的各项编制预算依据中的
有关部分执行。内包工程，可全部执行各主管部门和省、市、自治区原
决定采用的各项编制预算依据。（3）此次汇总通知的各项编制预算依据，
外包工程自1963年1月1日开始执行，内包工程可按各主管部门和各省、
市、自治区原规定的执行日期执行。（4）此次汇总通知的各项编制预算
依据的解释，均由各主编单位负责。

● 1964年

3月31日 国家计委印发了《关于1964年基本建设预算依据的几项暂行
规定》[（64）计设程字0773号]。主要内容：为了加强基建预算的管理
工作，在国家统一编制的各项预算定额颁发之前，对1964年预算编制
依据，作出了规定。（1）各项预算编制依据的管理体制，仍按国家计委
（63）计设杨3053号通知的规定，由国务院有关主管部和各省、市、自治
区管理。（2）为了节约和合理地使用国家建设资金，国务院各有关部和

各省、市、自治区计委（或建委）应会同有关部门，根据1964年国家计划规定的降低基本建设造价的要求，对1963年预算编制依据的实际情况作一次认真检查。（3）调整后的各项通用预算编制依据，均自1964年1月1日开始执行。（4）各项通用的预算编制依据的解释，仍由各主编单位负责。此外，关于建筑安装工人的计件工资率，经与劳动部研究，1964年应一律取消。因此在1964年工程的预算中，不得增加计件工资率，已经增加的，应该扣除。当年，根据中央北戴河工作会议精神，基本建设取消甲乙方制度，设计单位不再编制施工图预算。

● 1965年

8月28日 国务院颁发了《关于改进设计工作的若干规定（草案）》[（65）国经字317号]，其中要求：设计单位要认真编好概算，不再编施工图预算，施工组织设计由施工单位编制，设计单位给以必要的协助。设计单位"不再编制施工图预算"，这一规定实际上是反映了当时取消甲乙方，不讲经济核算的现实。例如当时废除了甲乙方每月按预算办理工程价款结算的办法等。从此以后，设计单位在施工图阶段普遍不算经济账，初步设计概算对施工图设计不起控制作用。

● 1966年

1月 国家基建综合部门发文，在有关省市试行建设公司建筑工程负责制，以改变承发包制度。对于一般工程的投资，由建设部门按年投资额或概（预）算划拨给建设公司（施工单位），工程决算后，实行多退少补。对于国拨材料，一般采取多退少补的原则。规定中虽然也要求对若干工程，可按当地统一规定的造价包死，不实行多退少补等，但实际执行的结果多是实报实销。

● 1967年

8月18日 国家建委印发了《关于设计工作中厉行节约的几点意见》。要求加强概算工作，设计单位要认真编好概算。

是年　建筑工程部在直属施工企业中实行经常费制度。其具体内容是：
（1）将施工企业的人工费、管理费均由财政部每年按预算拨给建工部。
各施工公司按季（分月）编制预算报各工程局。而后由建工部汇总各工
程局的预算，报经计委、建委、财政部批准后，据以拨款。也就是国家
按施工企业人头给钱，而不问工程任务完成的多少和好坏。（2）对工程
的其他费用，称为施工费，包括民工费、机械设备折旧费、工具费、临
时设施费、现场水电费、试验材料费、技术革新材料费、其他零星施工
费等，都由施工企业按季（分月）编制用款计划，由建设单位按施工单
位编制的用款计划拨款。单位工程竣工后，向建设单位报销，实质上是
实报实销。（3）材料费的管理核算和拨款，按基建体制和材料供应方式，
因地制宜地确定。（4）工程完工后，不再与建设单位办理工程结算。按
照以上办法，工程建成后，单位工程的竣工结算，只能反映出材料费和
施工费，而反映不出人工费和施工管理费。人工费和施工管理费按约占
材料、施工费的35%估计列入。尽管在有关规定中也强调要搞好施工企业
的经济核算，但不过是一纸空文而已。这一制度推行了六年之久。

● 1969年

10月　大批干部下放"五七"干校，国家建委撤销设计局、施工局，成
立业务组。业务组下设设计小组、施工小组，分别主管全国基本建设设
计、施工标准及定额工作。

● 1970年

8月18日　国家建委印发了《关于设计工作中厉行节约的几点意见》。要求
加强概算工作，设计单位要认真编好概算。

● 1971年

3月29日~5月31日　经国务院批准，国家建委在北京召开了全国设计革命
会议。11月26日，国家建委印发了《全国设计革命会议纪要》[（71）建
革字100号]，该纪要认为，我国的设计体制和设计上的规章制度、技术

标准、设计规范，基本上是第一个五年计划期间从苏联搬过来的。现行的标准、规范和定额，有许多保守、落后和烦琐的东西，常常成为设计上贪大求洋、因循守旧的合法根据。国家建委要组织有关部和省、市、自治区分工负责修订，今明两年内陆续拿出成品。

● 1972年

4月8日 国家建委印发了《关于预算定额修订和管理分工的通知》[（72）建革施字76号文]，主要内容为：（1）通用的建筑预算定额、间接费用定额、材料预算价格及1958年下放给各省市的其他费用指标，仍归各省、市、自治区管理。（2）专业通用的建筑安装预算定额、间接费用仍归各部门管理。（3）辽宁、吉林、黑龙江三省已编制了通用专业预算定额，可按本省规定执行。

5月30日 国务院以国发〔1972〕号文批转国家计委、国家建委、财政部《关于加强基本建设管理的几项意见》。意见中指出：设计必须有概算，施工必须有预算。没有编好初步设计和工程概算的项目，不能列入年度基建计划。建设项目的初步设计、按隶属关系，由省、市、自治区和国务院各主管部门组织审查，并报国家建委备案。其中少数大型或特殊建设项目，由国家建委同有关部门组织审批。认真贯彻党的方针、政策，反对"贪大、求洋、求全"；建设项目厂址选择要贯彻"靠山、近水、扎大营"和"搞小城镇"的方针，要认真进行调查研究，进行多方案比选；要积极采用经过实践检验，并证明是行之有效的新技术、新工艺，不能把建设厂当作试验厂来建设；非生产性建设要发扬延安精神，不搞高标准；建设项目的初步设计和施工图要发动群众审查。

12月 国家建委恢复设计局、施工局，设计局下设标准规范处，施工局下设技术处，分别主管全国基本建设设计、施工标准定额工作。

● 1973年

1月1日 建工部在直属施工企业中实行的经常费制度停止执行，重新恢复了建设单位和施工单位之间按施工图预算结算的制度。

1月31日 国家计委、国家建委、财政部联合印发了《关于改变经常费办法，实行取费制度的通知》。通知指出，为了加强基本建设管理，促进建设单位和施工单位的经济核算，决定自1973年1月1日起，凡实行经常费的建筑安装企业，改为取费制度，国家不再直接拨给经常费。取费办法，按照建筑安装企业所在省、市、自治区现行的办法执行；也可暂按建筑安装工作量的26%收取工资和管理费；有条件的也可采取建筑安装工作量包干。远离大中城市的山区建设工程，可增加一定的系数，由各省、市、自治区建委（基建局）规定。

4月 国家建委组织制定了《关于基本建设概算管理办法》，对概算的作用、编制、审批、管理重新作了规定。

● 1977年

6月 国家建委组织国务院有关部和省、市、自治区制定并颁发了管道、电气、通风、刷油保温防腐蚀、自动化仪表、机械设备、容器制作安装、油罐制作安装、炉窑砌筑工程等九本通用设备安装工程预算定额。

● 1978年

3月 国家建委、财政部印发了《建筑安装工程费用项目划分暂行规定》[（78）建发施字第98号]，统一了建筑安装工程费用项目，并做到建筑安装工程计划、统计、概预算和核算口径相一致。

4月22日 国家计委、国家建委、财政部印发了《关于试行加强基本建设管理几个规定的通知》[计基（1978）234号文]，该文件包括：《关于加强基本建设管理的几项意见》《关于基本建设程序的若干意见》《关于基本建设项目和大中型划分标准的规定》《关于加强自筹基本建设管理的规定》《关于基本建设投资与各项费用划分规定》5个文件。通知中指出：为了进一步加强基本建设管理，根据有关地区、各部门的意见，对1972年经国务院批转的国家计委、国家建委、财政部《关于加强基本建设管理的几项意见》做了修改和补充，同时，制定和修改了《关于基本建设程序的若干规定》《关于基本建设项目和大中型划分标准的规定》《关于加强自筹基本建设管理的规定》和《基本建设程序的若干规定》现一并发给你们试行。《关于基本建设程序的若干规定》中明确规定：大型建设项目的初步设计和总概算，按隶属关系，由国务院主管部门或省、市、自治区提出审查意见，报国家建委批准。

9月29日 国家计委、国家建委、财政部在总结经验教训的基础上，制定颁发了《关于加强基本建设概、预、决算管理工作的几项规定》[（78）财基字第534号]。其主要内容：初步设计编制总概算，采用三阶段的技术设计编制修正总概算。设计概算由设计单位负责编制。各主管部门在审批设计的同时，要认真审批概算。进行施工图设计时，对主要单项工程和单位工程，还应编制施工图修正概算。单位工程开工前必须编制出施工图预算；施工图预算由施工单位负责编制，由施工单位会同建设单位、设计单位和建设银行共同审定。建设项目或单项工程竣工后会同建设单位负责及时编制决算，报其主管部门和财政部门，并分送建设银行和主体设计单位。设计和概算批准后，不得任意修改。各地、各部应积极创造条件，推广基本建设建设大包干。包干投资额，应以批准的初步设计总概算为依据。明确了编制依据和管理分工：一般通用建筑工程预算定额由国家建委统一组织编制、审批，由各省、市、自治区管理；专业通用定额由各有关部按照统一的规划，组织编制、审批、管理，由国家建委颁发；专业专用定额由各部制定并管理。同时由国家建委负责统一编制材料预算价格编制办法；统一基本建设其他工程和费用的项目划分等。

12月　国家建委以（78）建发设字第609号文颁发了《1978年至1980年修订和编制一般通用、专业通用、专业专用建筑安装工程概预算定额和管理费用定额的规划》，计划组织制定或修订各种概预算定额共47本，其中通用的建筑工程概预算定额2本，专业通用建筑安装工程概预算定额23本，专业专用概预算定额22本。

● 1979年

12月15日　国家建委印发了《关于调整工程概、预算的通知》[（79）建发施字574号文]。经财政部同意，施工单位实行副食品价格补贴、部分职工升级和部分地区调整工资区类别增加的支出，可以采取调整工程概、预算的办法来解决。

10月25日　国家建委颁发《长途通信架空明线线路工程预算定额》《无线电通信微波装机工程预算定额》。

● 1980年

5月4日　国家建委、国家计委、财政部、国家劳动总局、国家物资总局发布《关于扩大国营施工企业经营管理自主权有关问题的暂行规定》。《暂行规定》恢复了国营施工企业的法定利润。凡实行独立核算的国营施工企业，自1980年起暂按工程预算成本的2.5%计取法定利润。

7月28日　国家建委颁发了《长途通信架空明线线路工程概算定额》《通信管道建筑工程概算定额》[（80）建发设字312号文]。

1979～1982年　国家建委陆续颁发试行邮电部主编的9本专业通用建筑安装工程概预算定额，即：《长途通信架空明线线路工程预算定额》及其概算定额、《无线电通信微波装机工程预算定额》《通信管道建筑工程概算定额》《长途通信电缆线路工程概算定额》《长途通信装机工程预算定额》《市内通信线路工程概算定额》《通信电源设备安装工程概算定额》《无线电通信短波天线工程预算定额》。

● 1981年

10月26日 国家建委发出了《关于修改补充建筑工程预算定额工作的通知》。主要内容：木门窗定额可按各地现行标准图重编；打桩定额各地可按实际情况修改补充；原定的预算定额交底会不再召开，请各地按（81）建发设字300号通知和本通知要求开展修改、补充工作；为了合理确定预算定额水平，请各省、市、自治区建委组织有经验的专业人员，进行调查研究，实事求是地做好预算定额的修改、补充工作。

10月30日 国家建委会同国务院科技干部局制定了《关于概算、预算人员执行工程技术干部技术职称的通知》。该通知指出，根据概算、预算工作的性质，勘察设计及施工单位的概算预算人员原则上执行国务院颁发的《工程技术干部技术职称暂行规定》，如果是经济专业毕业生，也可以根据国务院颁发的《经济专业干部业务职称暂行规定》评定。

11月2日 国家建委以（81）建发设字473号文颁发试行煤炭部主编的两本专业通用定额，即：《矿山井巷工程预算定额》和《矿山井巷工程辅助费预算定额》。

● 1982年

2月26日 国家建委、国家计委颁发了《关于缩短建设工期，提高投资效益的若干规定》（建发综字76号文），规定指出：由于设计质量事故而引起工程返工、拖期、概算超支、工程报废，设计单位必须承担经济责任。并要求：加强概预算管理；逐步恢复由设计单位编制施工图预算及联合会审的制度。

5月21日 国家经委基建办公室向经委党组提出"关于成立基本建设标准定额研究所的报告"。该报告指出：为了加强基本建设方面的标准、规范定额工作，改进基本建设管理。缩短工程建设周期，提高投资效益，拟成立国家经委基本建设标准定额研究所，国家经委党组同意该报告，并转报有关部门审批机构和编制机构。

5月 国家建委以（82）建发设字178号文颁发交通部主编的专业通用《公路工程预算定额》和《公路工程概算定额》。

11月17日 国家计委、国家经委以计固［1982］983号文发出《关于加强基本建设经济定额、标准、规范等基础工作的通知》。内容包括：（1）加强工程建设标准规范的制订、修订和管理工作。制订、修订工程建设标准规范，要紧紧围绕提高经济效益，做到技术先进、经济合理、安全适用、确保质量。为了在1987年以内基本完成工程建设标准规范的配套工作，要求各有关部门制定工程建设方面的标准规范体系表，并在1983年内完成。（2）加强工程建设标准设计的制定和修订工作。（3）加强建设工程概预算工作及编制依据的管理工作。（4）尽快制订建设工期和设计周期定额。（5）建立积累工程技术经济定额指标的工作制度。（6）建立健全基础工作的管理机构。（7）关于开展基础工作所需的经费。

● 1983年

2月3日 国务院办公厅发布《国务院办公厅关于国家经委有关基本建设的机构、人员和业务划归国家计委的通知》（国办发［1983］8号）。通知明确：今后有关基本建设的方针政策和规章制度的拟订，基本建设计划的执行和协调，大中型项目厂址，初步设计和总概算的审批，工程建设国家标准、规范、定额的颁发，国家重点项目的竣工验收，以及全国勘察设计、施工发展规划和力量的统筹安排等方面的工作均由国家计委负责。

3月12日 国家科委给国家计委印发《关于成立基本建设标准定额研究所的批复》［（83）国科发管字160号］，批复国家计委成立基本建设标准定额研究所。国家计委基本建设标准定额研究所为国家计委直属事业单位，其主要研究方向是：专门从事工业建筑的标准规范、经济定额、管理制度以及工业建筑方面的基础性，综合性的研究工作。研究所下设：标准规范室、经济定额室、管理制度室、情报资料室以及办公室。

3月13日～3月23日 全国勘察设计工作会议在北京召开。出席会议的有各省、市、自治区建委和国务院有关部门主管基本建设勘察设计工作的负责同志，还有部分勘察设计单位的代表，共400人。国务院副总理姚依林和国家计委副主任彭敏、王德瑛分别在会上讲了话。彭敏同志在全国勘察设计工作会议开幕式上的报告分三个内容：一、勘察设计工作取得的成绩和经验教训；二、努力开创勘察设计工作的新局面；三、加强对勘察设计工作的领导。在谈到努力开创勘察设计工作的新局面问题时，彭敏同志强调："要抓紧制订和修订勘察设计方面的标准、规范、定额……我们准备在今年内组织审批十本国家标准、规范，抓好十五本国家标准、规范的编制和修订工作……我们设想，1985年以前，先把急需的标准、规范、定额搞出来；1987年左右，对国家通用的和主要专业的各种标准、规范，普遍进行补充修订，使之基本配套"。

4月1日 国家计委向国务院提出了《关于设立基本建设标准定额局的请示报告》。该报告提到："鉴于工程建设标准、规范、定额是属于技术立法、经济立法性的工作，政策性、技术性、经济性很强，除了大量的研究工作以外，它还有很多属于组织管理和协调等方面的工作，不宜以研究所的名义进行组织，应有一个职能机构出面组织为宜。因此，拟在我委设立基本建设标准定额局，负责工程建设的国家标准、规范、经济定额制订、审批、颁发和协调工作。"

7月17日 国家计委向国务院呈送《关于工程建设标准定额工作情况的报告》（计标［1983］1019号）。报告回顾了建国三十余年标准定额工作的情况，指出当前的主要问题是技术标准规范数量少，不配套，定额缺项多，该统一的还没有统一；各项费用标准管理混乱，水平也不尽合理。

报告提出：国家计委下决心把这项工作统一抓起来。"力争1986年开始执行全国统一的通用建筑安装工程预算定额和施工管理定额；1987年基本上解决标准规范数量少、不配套的问题"。8月8日国务院副总理姚依林对上述《报告》作了如下批示："关于制定定额的工作，我的意见是，要先抓重点（重点行业与重点项目），争取把重要的定额在1985年付诸实施。然后逐步再加完善、补充和修改，不要花两三年时间，把一切都齐备了再出台，这样可以争取时间，搞得快一点。"

7月19日 国家计委、中国人民建设银行正式颁发《关于改进工程建设概预算工作的若干规定》[（1983）1038号]试行。该规定对设计单位做好可行性研究和设计任务书投资估算工作，加强概算工作，恢复设计单位编制施工图预算以及对概预算执行过程中建设单位、设计单位、施工单位及建设银行的责任等做出规定。

7月26日 国家计委副主任彭敏同志在全国基本建设工作会议上做了《确保国家重点建设、全面提高投资效益》的报告。报告共谈了五个问题。在谈到如何加强工程建设标准规范定额管理工作问题时，彭敏指出："工程建设标准规范，是进行勘察设计、施工和验收所必须遵循的技术法规，概预算定额是计算工程造价和工程用料等的基本依据。做好这些基础工作，对于加强基本建设科学管理，做好建设项目的技术经济论证，促进技术进步，保证工程质量，控制基建投资，提高经济效益，都具有非常重要的作用。目前工程建设标准数量少，不配套，我们必须采取各种有效措施，大力加强这方面的工作。一要抓紧制定修订各类标准、定额，争取在较短的时期内配起套来。二要建立健全标准定额的工作机构。三要充实专业人员。标准规范定额工作是一项很重要的基础工作，从事这项工作的同志就应当受到尊重，在晋升、奖励上应与设计、技术人员一视同仁"。

8月9日 国务院以（83）国函字152号文批复国家计委计人[1983]446

号报告，同意计委设立基本建设标准定额局。国家计委基本建设标准定额研究所与国家计委基本建设标准定额局为一个机构、两块牌子。它是国家计委具体负责管理和研究全国工程建设标准、定额等基础工作的职能部门和研究机构。对此，国家计委于1983年8月15日计标［1983］1171号通知国务院有关部委及直属机构，各省、市、自治区计委（建委、建设厅），今后，有关基本建设的管理制度；工程建设标准、规范、定额的管理制度、规划、计划；国家标准和通用定额的编制、协调、审查、报批以及情报等工作请迳与该局联系。

是年 国务院一些部、总公司和省市相继成立或组建标准、定额管理研究机构：中国石油化学总公司工程部下设标准定额处；水电部基建司下设标准定额处；邮电部在北京设计所设邮电基本建设标准定额研究室；山西、云南、新疆计委下设标准定额处；河南省计委下设标准定额管理站。

● 1984年

5月8日 国务院印发了《批转国家计委〈关于建设项目超概算检查情况的报告〉的通知》（国发［1984］65号）。《通知》指出：（1）认真做好建设项目的决策工作。编报设计任务书要实事求是，对地质不清、资源不明、建设条件不具备的，不能批准建设；对建设项目投资控制数要认真核定，不得有意压低投资，留缺口、搞"钓鱼"，或有意加大投资、宽打窄用。（2）切实搞好设计和概算工作，把好设计审查关。初步设计及总概算，必须严格按批准的设计任务书进行编制，不得任意增加建设内容，扩大规模，提高标准。设计概算超过设计任务书投资限额10%以上的，要重报设计任务书，或者重新补充资料，重做初步设计。

9月3日 国家计委在长沙召开全国工程建设标准定额工作会议。会后，国家计委以计标［1984］2213号文印发了《全国工程建设标准定额工作会议情况的报告》，要求各部门、各地区加强对标准定额工作的领导，及时解决工作中存在的问题和困难，使工程建设标准定额工作能够较快地开创一个新局面。各有关部门和地区根据长沙会议和国家计委通知的要求，积极传达、贯彻，工作有了较大的发展。至1984年底，各部门、各地区以各种方式认真传达长沙会议精神，提出了加强标准定额工作的措施，有的还安排了1985年和"七五"期间标准规范和概预算定额的制订、修订任务及计划。在组织机构方面，除已建立了工程建设标准定额管理机构的部门、地区外，轻工部、有色金属总公司、邮电部和江苏、广西等省、自治区决定组建工程建设标准定额工作管理机构。至1985年底，其他尚未建立专门管理机构的部门，已有11个部成立或将成立规范处或标准处，29个省、自治区、直辖市均有定额站或经济处，也明确了归口主管部门，确定了专职人员负责标准定额的管理工作。

● 1985年

3月5日 国家计委、中国人民建设银行印发《关于改进工程建设概预算定额管理工作的若干规定》《关于建筑安装工程费用划分暂行规定》和《关于工程建设其他费用项目划分暂行规定》（计标［1985］352号）三个文件的通知。自1985年起国家预算内基本建设投资由拨款改为贷款，投资包干责任制和招标承包制也将逐步、全面推行。对概预算定额管理工作提出了新的要求，这三个文件的出台适应建筑业和基本建设管理体制改革的要求，有利于合理确定工程造价，提高投资效益，对适应形势发展起到积极的作用。

6月1日《工程建设标准与定额》创刊。《工程建设标准与定额》由国家计委基本建设标准定额研究所与中国工程建设标准化委员会联合主办，是一个理论与实践结合，提高与普及并重的指导性、学术性刊物。

10月6日～10月11日 中国工程建设标准化委员会概算预算定额委员会在安徽省召开了成立大会。会议讨论通过了"中国工程建设概算预算定额委员会简章"，选举产生了第一届常务委员会。

是年 国务院技术经济研究中心与国家科委联合出版了《建设项目企业经济评价方法》，国家计委、国家科委和国务院技术经济研究中心分别撰写了前言。该书是《方法与参数》（第一版）中财务评价部分的前身，它虽不是正式颁发，但由于适应了当时的实际需要，在投资管理和项目评价方面客观上起到了一定的指导和规范作用。

● 1986年

3月11日 国家计委发布《关于加强工程建设标准定额工作的意见》（计标 [1986] 288号）。《意见》指出：工程建设标准定额工作是政策性、技术性、经济性很强的工作。它为设计、施工、竣工验收提供科学的依据，为建设项目评估决策、控制项目投资、确定工程造价、检查监督工程质量提供合理的尺度，是搞好基本建设管理的一项很重要的基础工作，也是提高投资效益，促进技术进步的一个重要环节。具体意见包括以下几个方面：（1）要使各类标准定额基本配套。力争1990年末，各种标准、规范数量总计要达到2000本左右，比现有数量增加两倍；各种概预算定额，基本配套成龙，能适应开工前确定工程造价的要求。（2）大力提高标准的水平。制订、修订标准，必须从我国实际情况出发，使之既具有先进技术水平，又体现我国的建设方针政策。（3）建立一支稳定的队伍。各部门、各地区要建立并健全工程建设标准定额工作的专职管理机构；凡是批准施行的标准、定额都要建立设有专人管理的管理组；各部门、各地区的定额处（站）应逐步过渡为本部门、本地区的工程造价管理机构，并赋予相应的行政职能；充分发挥有实践经验的离退休人员的作用。（4）明确经费渠道。国家标准、规范和由国家计委组织编制、审批的全国统一定额的经费，根据任务量，由国家财政拨给事业费，不足部分，由国家计委从基本建设投资中酌情补助。（5）加强领导。国家计委将积极创造条件，充实基本建设标准定额工作的管理机构和科研力量，加强对工程建设标准定额工作的管理。

4月26日 国家计委印发《关于编制建设工期定额的几点意见》（计标

[1986] 619号）的通知。《通知》明确了建设工期定额的概念及工期阶段划分；建设工期定额的作用；建设工期定额的结构；定额水平的确定；编制工作的组织和步骤；审批程序和经费渠道的意见和安排。文件的出台对改变长期以来不少项目建设工期的确定带有盲目性和随意性，工期的执行、考核也不够严肃，往往造成工期"马拉松"、投资"无底洞"等的状况具有重要的作用。

5月12日 国家计委印发《关于贯彻执行全国统一安装工程预算定额的若干规定》（计标［1986］744号）的通知。此文件提出了新定额采取分级管理的办法；交底方法；材料预算价格的编制和单位估价表的生成等，此定额共15册（简称新定额），自新定额实施之日起，原国家基本建设委员会颁发试行的通用设备安装工程预算定额（简称九套定额）及各有关部门颁发的有关定额即停止使用。

8月30日 国家计委印发了《关于做好工程建设投资估算指标制订工作的几点意见》（计标［1986］1620号）文件。该文是国家第一次制订工程建设投资估算指标，为估算指标的制订工作提出了编制原则；分类及表现形式；编制方法；管理分工及进度要求；建立积累工程造价资料的工作制度等意见。文件指出：工程建设投资估算指标（以下简称估算指标）的制订工作是基本建设管理的一项重要基础工作。估算指标是编制建设项目建议书和设计任务书（或可行性研究报告）投资估算的依据，并可作为编制固定资产长远规划投资额的参考。估算指标中的主要材料消耗量也是一种扩大材料消耗指标，可作为计算建设项目主要材料消耗量的基础。估算指标的正确制订对提高投资估算的准确度、对建设项目的合理评估、正确决策具有重要的意义。

10月30日 国家出版局以（86）出综字第945号文同意国家计委出版《工程建设标准与定额》季刊。

10月 国家计委批准在基本建设标准定额研究所增设可行性研究处与经济参数处，负责建设项目经济评价方法与参数的研究与管理工作。

● 1987年

1月《工程建设标准与定额》自1985年四季度创刊、内部发行以来，经文化部批准，自1987年开始，改为公开发行。

9月1日 国家计委印发了《关于印发建设项目经济评价方法与参数的通知》（计标〔1987〕1359号），发布了《关于建设项目经济评价工作的暂行规定》《建设项目经济评价方法》《中外合资经营项目经济评价方法》与《建设项目经济评价参数》四个规定性文件以及13个应用案例，要求在部分大中型基本建设项目和限额以上技术改造项目中试行。这是《建设项目经济评价方法与参数》的首次发布。从此，经济评价成为我国投资项目决策的必要环节，从整体上推动了我国投资项目可行性研究工作，标志着我国建设管理体制从计划经济体制下的经验型向市场经济环境下的科学决策型转变迈出了第一步。《方法与参数》以政府文件形式发布，使其具有类似《会计制度》的地位，为我国经济体制改革在制度建设上做出了重要贡献。从学术上看，《方法与参数》填补了我国技术经济学的空白，大大地促进了技术经济学科的建设，通过《方法与参数》的实施，为大专院校、工程设计与咨询单位培养了一大批技术经济的专门人才。

9月3日～9月6日 全国工程建设标准定额工作会议在北京召开。各地区、各部门主管基本建设和标准定额工作的负责同志和中国工程建设标准化委员会的理事参加了会议。会议总结了三年来的工作，对如何进一步强化标准定额工作，解决工作中存在的主要问题，加快标准定额编修的步伐，提高标准定额工作水平，以适应经济建设和经济体制改革深入发展的需要，进行了讨论和研究，明确了当前标准定额工作面临的主要任务。国家计委副主任干志坚做了"深化改革，开拓前进，努力做好工程建设标准定额工作"的报告。《报告》从战略的高度论证了工程建设标准定额工作的地位和作用，明确提出了标准定额工作者应承担的主要任务。

是年 由联合国开发计划署资助，"建设项目经济评价方法与参数国际研讨会"在天津大学召开。南斯拉夫等国的三位外国专家在会上做了主题发言。这次研讨会是建设部标准定额司、标准定额研究所首次与国际组织合办，是标准定额工作贯彻"走出去，请进来"的改革开放方针的具体体现，探索了标准定额编制与国外合作的新途径，为以后的国际合作积累了经验。

● 1988年

1月8日 国家计委印发了《印发〈关于控制建设工程造价的若干规定〉的通知》（计标［1988］30号），通知中指出：建设工程造价的合理确定和有效控制是工程建设管理的重要组成部分。控制工程造价的目的不仅仅在于控制项目投资不超过标准的造价限额，更积极的意义在于合理使用人力、物力、财力，以取得最大的投资效益。为有效地控制工程造价，必须建立健全投资主管单位、建设、设计、施工等各有关单位的全过程造价控制责任制。在工程建设的各个阶段认真贯彻艰苦奋斗、勤俭建国的方针，充分发挥竞争机制的作用，调动各有关单位和人员的积极性，合理确定适合我国国情的建设方案和建设标准，努力降低工程造价，节约投资，不突破工程造价限额，力求少投入多产出。

7月1日 国家计委基本建设标准定额局（研究所）划归建设部，重新组建为建设部标准定额司和建设部标准定额研究所。标准定额司内设办公室、技术标准处、建设标准处、造价管理处、定额指标处。标准定额研究所内设办公室、综合业务处、工程标准处、产品标准处、经济定额处、可行性研究处、经济参数处、信息培训处。

8月15日 建设部印发了《关于印发〈建设部标准定额司和建设部标准定

额研究所的职责分工〉的通知》[（88）建办秘字第24号]。通知指出，根据建设部"三定"方案的精神，标准定额司和标准定额研究所（正司级科研事业单位）是建设部领导下的共同负责标准定额工作的综合管理机构。有关统筹规划和管理全国工程建设标准、经济定额和本部归口工业产品标准的工作，由建设部标准定额司和标准定额研究所共同负责，并本着精简、统一、协调原则，确定了标准定额司和标准定额研究所职责分工。今后对有关业务可按此分工分别与司、所直接联系。

9月1日 建设部标准定额司和标准定额研究所召开国务院有关部主管工程建设标准定额工作负责人座谈会，通报了建设部标准定额工作管理机构组建情况和工作设想。

9月13日 建设部印发了《印发〈建设部标准定额工作管理机构组建情况和工作设想〉的通知》（建标字第237号）。通知指出，国务院机构改革方案确定，原国家计委和原城乡建设环境保护部主管的标准、定额、参数等职能划归新组建的建设部。据此，建设部设置了标准定额司，为了加强标准定额工作，同时设立了建设部标准定额研究所，在部领导下两者共同肩负起标准定额方面的管理任务。其主要职能是：组织制订工程建设标准定额和工程造价管理方面的方针、政策及管理制度，汇总编制工程建设标准、定额的制订修订计划，并组织实施；组织制订建设项目经济评价方法和经济参数以及各类建设项目的建设标准、用地指标、投资估算指标、建设工期定额，并会同国务院有关部门的职能司审查，组织制订修订、审查和上报批准工程建设国家标准、本部归口的产品标准和全国统一定额，并归口管理工程建设专业标准；组织本部归口管理的国际标准化活动。通知还指出，标准定额工作是为工程建设提供科学依据的重要基础工作，是政策性、经济性、技术性很强的技术经济立法工作。随着经济体制改革的深化和建设事业的发展，对标准定额工作提出了更高的要求。我们必须下大力量把它抓上去。今后几年开展标准、定额工作总的目标是：积极贯彻改革精神，紧紧围绕促进技术进步，提高经济效益这个核心，在切实抓好工程建设实施阶段所需标准、定额的同时，大力加强项目决策阶段所需标准、定额的制订工作，争取经过五年的努力，提供足够数量和具有相当水平的各类标准、定额、参数、指标，以适应深化经济管理体制改革和建设事业发展的需要。

12月 国家计委、建设部联合下发了《关于发布〈煤炭矿井、选煤厂工程项目建设工期定额〉的通知》（建标字第412号）。

● **1989年**

2月21日~2月23日 建设部标准定额研究所在北京组织召开了"工程造价管理信息系统开发工作座谈会"，会议讨论了信息系统主要内容和总体规划方案。而后成立了"工程造价信息系统"专家工作组。

3月28日~3月30日 全国工程建设标准定额工作座谈会在北京召开。建设部副部长干志坚作了题为"抓住时机、不断进取，努力做好工程建设标准定额工作"的报告。《报告》中指出：今明两年的标准定额工作要坚决贯彻"治理经济环境，整顿经济秩序，全面深化改革"的方针，按照1987年会议提出的总目标，不失时机地大力加强宏观决策阶段和实施阶段的标准定额制订工作，研究改革工程建设标准定额的管理制度和体系，为建立具有我国特色的，适应社会主义有计划商品经济发展的工程建设标准定额新体制打好基础。

3月 建设部发布《纺织工程项目建设工期定额》（建标字第156号）的通知。

4月4日 建设部副部长干志坚批准建设部标准定额研究所成立筹建工程建设标准定额资料馆，该馆负责收集国内外有关工程建设标准与造价方面的资料并对外单位开放。

5月12日 建设部印发了《关于收集标准定额文本和资料的通知》[（89）建办标字第034号]。通知明确，在建设部标准定额研究所建立工程建设标准定额资料馆，馆藏内容包括：工程建设国家标准、行业（专业、部）标准、地方标准、企业标准及相关的工业产品国家标准、行业（专业、部）标准、地方标准、企业标准、经济定额等。

7月 国家计委、建设部联合组织开展了《建设项目经济评价方法与参数》应用情况调查，对全国100多个单位进行了书面调查，召开了部分单位的专题座谈会。调查结果显示：80%的大中型项目和50%的小型项目都经过可行性研究后立项决策，一般都按照《方法与参数》的规定进行了经济评估或评价；财务评价开展得比较广泛，达95%，国民经济评价由于存在熟悉程度与配套的参数不全问题，仅为30%；审批机关将《方法与参数》作为选择与批准项目的依据；设计院、咨询公司和银行将《方法与参数》作为项目论证的指导性文件；国外来华投资者评论认为虽然起步较晚，但很有自己的特色，简单实用。

12月 由建设部标准定研究所组织编制、国家计委和建设部批准发布的《建设项目经济评价方法与参数》荣获国家科技进步二等奖。

● 1990年

3月20日 中国工程建设概预算定额委员会召开第一届委员会第三次扩大会议，会议决定将中国工程建设概预算定额委员会更名为中国建设工程造价管理协会，并同意由干志坚、杨思忠、邵华乔、费黎、管麦初同志及在京的副主任委员赵宝山、朱思义、林中文等8位同志组成筹备组，办理相关手续，以全国一级协会开展活动。

4月29日 国家计划委员会、建设部印发了《关于标准定额工作分工意见的通知》（计投资［1990］442号）。通知提出工程建设标准定额是国家重要的技术经济法规，是固定资产投资项目决策、勘察、设计、施工及验收的重要依据，对提高项目决策科学性和节约投资有重要意义。为了加强标准定额的管理工作，经国家计委、建设部共同商定：属于为宏观调控和项目决策服务的建设项目经济评价方法、评价参数以及各行业建设项目的建设标准、建设工期定额、投资估算指标和建设工程造价的有关制度、方法等，由国家计委委托建设部负责组织制订，国家计委、建设部联合发布施行。属于投资项目实施的技术标准和经济定额，由建设部负责管理，其中主要的技术指标和经济定额在制定过程中应征求国家计委的意见。

6月 国家计委投资司和建设部标准定额研究所组织编写了《建设项目经济评价方法与参数实用手册》。该手册详尽阐述了项目评价理论与参数测算方法。

7月17日 经建设部提出，民政部印发了《关于成立中国建设工程造价管理协会的批复》[民社批（1990）59号]。18～21日在贵州省贵阳市召开了中国建设工程造价管理协会成立大会，选举产生了干志坚同志为理事长，管麦初同志为秘书长的第一届理事会及常务理事会。

9月19日 国家计委、建设部印发了《关于印发〈建设项目经济评价参数〉的通知》（计投资［1990］1260号），供全国大中型和限额以上建设项目进行经济评价时使用。至此，1987年《建设项目经济评价方法与参数》发布的国民经济评价参数停止使用。

10月30日 国家机构编制委员会印发了《关于印发建设部"三定"方案的通知》（国机中编［1990］14号）。通知指出，根据第七届人大一次会议批准的国务院机构改革方案，为了加强对全国建设工作的综合管理，撤销城乡建设环境保护部，组建建设部，将原计委主管的基本建设方面的勘察设计、建筑施工、标准定额等职能划归建设部。新组建的建设部，是国务院领导下综合管理全国建设事业的职能部门。建设部关于标准定额的职责是：研究制订工程建设实施阶段标准定额的方针政策及规章制度；受国家计委委托，研究制订建设项目决策阶段标准定额和工程造价管理的方针政策及规章制度，组织制订建设项目经济评价方法、评价参数以及各类建设项目的建设标准、投资估算指标、建设工期定额；与国家技术监督局联合发布工程建设国家标准；制订归口产品的标准，建立和健全归口产品的行业质量监督、检测认证体系，审查颁发生产许可证。建设部内设标准定额司，职能是：研究制订工程建设实施阶段标准定额的方针政策及规章制度；受国家计委委托，研究制订建设项目决策阶段标准定额和工程造价管理的方针政策及规章制度，组织制订建设项目经济评价方法、评价参数以及各类建设项目的建设标准、投资估算指标、建设工期定额；汇总编制标准、定额的制订修订计划；组织制订工程建设国家标准、本部管理的行业标准、产品标准和全国统一经济定额；组织本部归口管理的国家标准化活动。

● 1991年

3月25日 国家计委印发《一九九一年工程项目建设标准、投资估算指标、建设工期定额制订修订计划》（计综合［1991］290号）。

5月13日 建设部印发《关于调整〈全国统一施工机械台班费用定额〉中折旧费、大修费、经常修理费的通知》（建标［1991］319号）。

11月23日 建设部印发《建立工程造价资料积累制度的几点意见》（建标［1991］786号）的通知。提出了工程造价资料的作用；工程造价资料积累的范围；工程造价积累的内容；工程造价资料积累的原则等要求。此文件的印发为推动工程造价资料积累工作起到了推进作用。

12月27日 建设部印发《关于调整工程造价价差的若干规定》（建标［1991］797号）的通知。根据国务院关于安排基本建设和技术改造项目时，要坚持量力而行，综合考虑物价、利率、汇率、劳动工资等变动因素，打足投资不留缺口的精神，结合当前工程造价价差调整工作中存在的问题，在总结经验的基础上制定本规定。主要内容包括：工程造价价差及其调整的范围；工程造价价差调整和造价指数测定工作应遵循的原则；工程造价价差的调整方法；切实做好工程造价指数的测算、发布和管理工作都做了具体规定。此规定对合理确定和有效控制工程造价具有十分重要的意义。

● **1992年**

1月25日　国家计委印发《关于国家计委有关司在工程项目建设标准工作上分工问题的复函》（计办厅［1992］27号），对国家计委有关司在工程项目建设标准工作上的分工进行说明。该文件指出：关于行业建设项目专业标准定额的审批意见，由有关专业司和重点建设司提出，会签投资司后办理；没有专业司归口的行业由投资司征求重点建设司意见后办理；综合性标准定额，由投资司商重点建设司和有关专业司办理。

8月4日～8月7日　经国务院批准，全国工程建设标准定额工作会议在北京召开。会议以贯彻落实邓小平同志南巡重要谈话和中共中央政治局会议精神为指导思想，总结并交流了过去五年工程建设标准定额工作取得的成就和经验，研究部署了"八五"后三年的工作任务，讨论了工程建设标准定额工作进一步深入改革的方向。侯捷部长在开幕式上作了重要讲话，干志坚副部长主持会议并作了题为《解放思想，加快改革，扎扎实实做好标准定额工作》的报告。会议还首次表彰了建国40年来，尤其是近十几年来建设标准定额战线上涌现出来的162个先进集体和350名先进个人，并为长期从事工程建设标准定额管理工作，做出一定成绩的328名专业人员颁发了荣誉证书。

10月6日　建设部办公厅转发国家科委（92）国科发情字562号文的通知，经国家科委批准，同意《工程造价管理》转为正式刊物，公开发行。经1991年试行两年后，于1993年1月起由季刊改为双月刊。

● 1993年

1月21日 建设部转发了国家物价局、财政部《关于发布工程定额编制管理费的通知》（建标［1993］168号）。此文件是根据《中共中央国务院关于坚决制止乱收费、乱罚款和各种摊派的决定》（中发［1990］16号）的有关规定的精神，对工程定额编制管理费重新进行了审定，经全国治理"三乱"领导小组的同意发布。通知规定如下：

（一）各级定额（工程造价）管理站为完成工程建设概预算定额、设备材料预算价格、费用定额、估算指标等编制任务，可收取工程定额编制管理费。工程定额编制管理费属于行政事业性收费。

（二）工程定额编制管理费的收取标准，沿海城市和建安工作量较大的地区，按照不超过建安工作量的0.5‰～1‰收取；其他城市以及建安工作量较小的地区，按照不超过建安工作量的0.5‰～1.5‰收取。具体收费标准由各省、自治区、直辖市物价、财政部门制定。国务院有关部门所属定额（工程造价）管理站按工程所在地的收费标准执行。

（三）定额（工程造价）管理站目前由财政拨给事业费的，不应再收取定额管理费，只收取定额编制费。具体收费标准由各省、自治区、直辖市物价、财政部门核定。

（四）工程定额编制管理费用于各级定额（工程造价）管理站编制工程概预算定额、设备材料预算价格、费用定额、估算指标和管理及人员经费等支出。各级定额（工程造价）管理站要严格财务收支管理，费用的收支须在建设银行开立专户并接受其监督，年初编报预算，年底编报决算。

（五）各级定额（工程造价）管理站必须按规定到物价部门办理行政事业性收费许可证，使用财政部门统一制定的收费票据。

（六）各地要严格按国家规定的收费项目和标准执行，取消各地规定的其他工程定额编制收费项目。物价、财政部门要加强对收费的监督检查。

4月7日 国家计委、建设部联合印发《关于印发建设项目经济评价方法与参数的通知》（计投资［1993］530号），发布了由建设部标准定额研究所和国家计委投资司等单位编制的《建设项目经济评价方法与参数》（第二版）。《方法与参数》（第二版）的制定，适应了我国当时经济体制改革，特别是价格体制改革的需要，总结了第一版应用的经验与问题，借鉴了国内外的研究成果以及英国政府对我国经济评价方法技术援助的成果，总体上比第一版成熟与完善，同时也在与国际通行的经济评价方法接轨上又迈出一大步。

5月 建设部发布了《全国统一施工机械技术经济定额》（建标［1993］341号）的通知。

6月2日 民政部印发《关于中国建设工程造价管理协会社会团体编制的批复》（民社批［1993］119号），批准中价协社会团体编制为25人。

12月9日 国务院办公厅印发了《国务院办公厅关于印发建设部和建设部管理的国家测绘局职能配置、内设机构和人员编制方案的通知》（国办发［1993］88号）。通知指出，根据第八届全国人民代表大会第一次会议批准的国务院机构改革方案，保留建设部。建设部关于标准定额的职责是：组织制订工程建设实施阶段的国家标准、全国统一定额和部管行业的标准定额，并与国家技术监督局联合发布国家标准；组织制订建设项目可行性研究经济评价方法、经济参数、建设标准、投资估算指标、建设工期定额、建设用地指标和工程造价管理制度，与国家计委等部门联合审定发布。建设部内设标准定额司，职能是：研究制订工程建设标准定额和工程造价管理的规章制度；汇总编制标准定额的制订、修订计划；组织制订工程建设国家标准、全国统一定额和部管行业的工程标准、经济定额、产品标准并组织实施和监督；会同有关部门组织制订建设项目可行性研究经济评价方法、经济参数和建设标准、投资估算指标、建设工期定额、建设用地指标；组织参加国家标准化活动。

12月30日 为适应建立社会主义市场经济体制的需要，转变政府职能，促进企业转换经营机制，创造公平竞争的市场环境，参照新的财务制度及国际惯例，对原（89）建标248号通知中《建筑安装工程费用项目划分》做了相应的调整。建设部、中国人民建设银行联合发布了《关于调整建筑安装工程费用项目组成的若干规定》（建标〔1993〕894号）。

是年 建设部标准定额研究所组织完成了《建设项目经济评价方法与参数》（第二版）英文版翻译——Method and Parameters of Economic Evaluation for Construction Project（Second Edition）。

● 1994年

1月26日 建设部标准定额研究所印发了《关于采集工程建设材料价格信息和建立信息网的通知》（建标信〔1994〕003号），定于1994年分两次继续采集材料价格信息并建立工程造价信息网。

6月23日 建设部标准定额研究所印发了《关于发布〈工程建设材料价格信息系统管理办法（试行）〉的通知》（建标信字〔1994〕第32号），发布了《工程建设材料价格信息系统管理办法（试行）》。

12月21日 建设部印发了《关于理顺我部标准定额管理职能的通知》（建标〔1994〕775号）。明确建设部标准定额司、标准定额研究所合署办公，成立一个领导班子，实行司长领导下的分工负责制，办理属于政府职能的业务。主要职责是：

1. 研究制订工程建设标准定额和工程造价管理的规章制度；

2. 汇总编制工程建设标准定额的制订、修订计划；

3. 组织制订工程建设国家标准、全国统一定额和部管行业的工程标准、经济定额、产品标准，并组织实施；

4. 会同有关部门组织制订建设项目可行性研究评价方法、经济参数、建设标准、投资估算指标、建设工期定额、建设用地指标；

5. 组织管理城镇建设、建筑工业产品型号管理和质量认证工作；

6. 组织参加国际标准化活动。

属于非政府职能的工作，由标准定额研究所办理。

● 1995年

6月4日~6月6日　中国建设工程造价管理协会在山东省烟台市召开了理事大会，选举产生了杨思忠同志为理事长，王绍成同志为秘书长的第二届理事会及常务理事会。

11月17日　建设部印发了《关于加强工程建设强制性国家标准和全国统一的工程计价定额出版、发行管理的通知》（建标〔1995〕660号）。针对社会上出现的擅自出版、翻印、汇编、出售工程建设强制性国家标准和全国统一的工程计价定额，以及借举办标准定额学习班、培训班的名义，擅自印刷和出售未经批准发布的标准定额征求意见稿、送审稿和报批稿的情况，为加强工程建设强制性标准和全国统一的工程计价定额出版、发行的管理，规定了标准定额的著作权属建设部所有，受我部委托的中国建筑工业出版社和中国计划出版社享有专有出版权；工程建设强制性国家标准和全国统一的工程计价定额，在编制过程中印发的征求意见稿、送审稿和报批稿，任何部门、企事业单位，社会团体和个人，不得擅自翻印和出售；未经正式出版的工程建设强制性国家标准和全国统一的工程计价定额，任何部门和单位不得举办各种名目的标准定额学习班或培训班等内容。

11月　在海南省海口市召开国务院有关部委工程造价联络网年会，会议讨论了建立造价工程师执业资格制度和工程造价咨询资质制度有关问题，人事部有关领导出席了会议，并原则同意了建立造价工程师执业资格制度。

12月15日　建设部发布了《全国统一建筑工程基础定额》（土建工程）和《全国统一建筑工程预算工程量计算规则》（建标〔1995〕736号）的通知。

● 1996年

3月6日 建设部印发了《工程造价咨询单位资质管理办法（试行）》（建标〔1996〕133号）。它对建立工程造价咨询单位的资质管理制度，严格工程造价咨询单位准入制度，促进工程造价咨询业务健康发展，维护建设市场秩序，适应社会主义市场经济发展的需要具有重要意义。

5月27日 为加强市政工程建设投资管理，提高市政工程项目可行性研究报告投资估算编制质量，建设部印发了《关于发布〈全国市政工程投资估算指标〉的通知》（建标〔1996〕309号文），批准发布了《全国市政工程投资估算指标》，HGZ 47—101—96，HGZ 47—102—96和HGZ 47—103—96，（共分上、中、下三册，其中上册包括第一分册《道路工程》、第二分册《桥梁工程》、第三分册《给水工程》；中册包括第四分册《排水工程》、第五分册《防洪堤防工程》、第六分册《隧道工程》；下册包括第七分册《燃气工程》、第八分册《集中供热热力网工程》、第九分册《路灯工程》）自1996年7月1日起施行，同时，1988年发布的《城市基础设施工程投资估算指标》停止使用。该指标是编制市政工程建设项目可行性研究投资估算的依据，是确定项目投资额度、评审建设项目经济合理性、控制资金使用的重要基础。

5月30日 建设部印发了《〈工程造价咨询单位资质管理办法（试行）〉实施细则》（建标〔1996〕316号）的通知。该《实施细则》对工程造价咨询单位的资质评审机构及职责、工程造价咨询单位资质评审程序、资质管理、中外合营、中外合作工程造价咨询单位的资质管理等内容进行了详细规定。

6月17日 由于物价、税费及定额的调整变化，大部分在建基本建设大中型项目的实际总投资比原批概算增加很多，再加上不少中央与地方合资建设项目的地方资金不落实，给计划安排带来很大困难。为适应物价、税费及定额的调整，为了调整投资结构、提高投资效益，国家在计划安排上不再按行业切块分配投资，而采取按项目，区别轻重缓急，先安排投产项目、国家重点续建项目，后安排一般大中型项目的原则，合理安排"九五"期间基本建设大中型项目的投资。国家计委印发《关于核定在建基本建设大中型项目概算等问题的通知》（计建设〔1996〕1154号），要求加强项目管理，控制工程造价，在1995年对在建项目概算核查的基础上，对1996年计划内基本建设大中型项目的概算进行核定，并对今后新上基本建设大中型项目的初步设计及概算的审批加强管理。

8月20日　人事部、建设部联合发布了《造价工程师执业资格制度暂行规定》，明确国家在工程造价领域实施造价工程师执业资格制度。同时规定造价工程师是经全国造价工程师执业资格统一考试合格，并注册取得《造价工程师注册证》，从事建设工程造价活动的人员。凡从事工程建设活动的建设、设计、施工、工程造价咨询等单位，必须在计价、评估、审查（核）、控制等岗位配备有造价工程师执业资格的专业技术人员。

8月28日　建设部印发了贯彻执行《全国统一建筑工程基础定额》《全国统一建筑工程预算工程量计算规则》（建标〔1996〕494号）的若干规定的通知。该定额是完成规定计量单位分项工程计价的人工、材料、施工机械台班消耗量标准。是统一全国建筑工程预算工程量计算规则、项目划分、计量单位的依据；是编制建筑工程（土建部分）地区单位估价表确定工程造价、编制概算定额及投资估算指标的依据；也可作为制定招标投标工程标底、企业定额和投标报价的基础。

10月8日　国家计委印发了《国家计委关于下达建设部1996年工程建设标准、定额、经济参数工作补助经费的通知》（计投资〔1996〕2043号），提出了工程建设标准定额的编制工作，要认真贯彻经济增长实现"两个转变"的要求，坚持工程项目建设的专业化协作、社会化服务的指导思想，坚决反对"大而全、小而全"。

11月20日 人事部、建设部印发《造价工程师执业资格认定办法》（人发[1996]113号）的通知。

12月17日 为了贯彻国家计委《关于控制建设工程造价的若干规定》（计标[1988]30号）的通知精神，增强建设项目可行性研究报告中的投资估算对总造价的控制作用，加强市政工程造价管理，提高市政工程项目可行性研究报告投资估算的编制质量，规范编制方法，在发布《全国市政工程投资估算指标》的基础上，建设部印发了《关于发布〈市政工程可行性研究投资估算编制办法〉（试行）的通知》（建标[1996]628号），批准发布了《市政工程可行性研究投资估算编制办法（试行）》，并于1996年12月17日起试行。在该办法中提出了市政建设项目可行性研究投资估算的编制原则、编制单位和人员的职责、要求，规定了投资估算文件的组成、投资估算编制方法、国外贷款及引进技术和进口设备项目投资估算编制办法等。

● 1997年

5月30日 依据建设部《工程造价咨询单位资质管理办法（试行）》（建标[1996]133号）及《工程造价咨询单位资质管理办法（试行）实施细则》（建标[1996]316号），建设部以第4号公告，批准了我国首批甲级工程造价咨询单位共计250家。1996年，《关于做好甲级工程造价咨询单位资质申报工作的通知》（建标[1996]513号）发布后，建设部标准定额司组织中国建设工程造价管理协会等单位和专家，开展了资质评审工作，对申报单位有关专业人员数量、办公场所、工作业绩等内容进行了核定。

8月 建设部、人事部公布《关于公布首批认定陈西发等854名造价工程师名单的通知》（建标[1997]213号）。标志着我国造价工程师队伍建设迈出了一步。

11月1日《中华人民共和国建筑法》（主席令第91号）由第八届全国人民

代表大会常务委员会第二十八次会议通过，正式发布，自1998年3月1日起施行。

11月25日～11月27日 "全国工程建设标准定额工作会议"在北京召开。这次会议以贯彻落实十五大精神为指针，总结交流了1992年以来全国工程建设标准定额工作的成绩和经验，研究和部署了在建立社会主义市场经济体制的新形势下如何加强标准定额工作的问题，以及今后五年的工作任务。建设部副部长赵宝江同志作了工作报告，部党组书记俞正声同志听取了大会经验交流发言，并在会议闭幕时作了重要讲话。赵宝江同志在工作报告中，全面地回顾了过去五年工程建设标准定额工作的主要成绩和经验，指出今后五年标准定额的总体思路是：按照十五大提出的经济体制改革和经济发展战略的总体要求，围绕优化经济结构，促进科技进步，确保工程安全和质量，提高投资效益这个核心，加快改革步伐，提高质量和水平，加大实施监督力度，更好地发挥标准定额的作用。俞正声同志在讲话中，要求标准定额工作今后要从四个方面为推进两个根本性转变服好务，即：要为建设项目宏观决策和提高投资效益服好务；要为经济结构调整服好务；要为科技进步服好务；要为工程质量服好务。

● 1998年

4月 建设部、人事部公布《关于公布第二批认定俞昌璋等999名造价工程师名单的通知》（建标［1998］98号）。

7月6日 建设部印发了《关于转发〈国务院办公厅关于印发建设部职能配置内设机构和人员编制规定的通知〉的通知》（建人［1998］142号）。根据第九届全国人民代表大会第一次会议批准的国务院机构改革方案和《国务院关于机构设置的通知》（国发［1998］5号），设置建设部。建设部是负责建设行政管理的国务院组成部门。建设部转变的职能有：工程建设标准定额、建设项目可行性研究经济评价方法、经济参数、建设标准、建设工期定额、建设用地指标和工程造价管理制度的编制和修订的具体工作，委托直属研究机构和有关社会中介组织承担。根据职能调整，建设部关于标准定额工作的主要职责是：组织制定工程建设实施阶段的国家标准，由国家质量技术监督局统一编号并发布；组织制定和发布全国统一定额和部管行业标准、经济定额的国家标准；组织制定建设项目可行性研究经济评价方法、经济参数、建设标准、建设工期定额、建设用地指标和工程造价管理制度，与国家发展计划委员会等部门联合发布；监督指导各类工程建设标准定额的实施。建设部内设机构中设置标准定额司，职能是：组织拟定工程建设国家标准、全国统一经济定额，建设项目经济评价方法、经济参数和建设标准、建设工期定额、建设用地指标；拟定工程造价管理的规章制度；组织拟定部管行业工程标准、经济定额和产品标准，指导产品质量认证工作；监督指导各类工程建设标准定额的实施；拟定工程造价咨询单位的资质标准并监督执行；提出工程造价专业技术人员执业资格标准。建设部标准定额司内设机构进行了调整，原办公室、建设标准处、定额指标处合并为综合处，技术标准处改为标准规范处，至此标准定额司下设综合处、标准规范处、造价管理处共三个处。

● 1999年

1月5日 为了加强建设工程施工发包与承包价格的管理，保障工程发包单位与承包单位的合法权益，促进建筑市场的健康发展，建设部印发了《建设工程施工发包与承包价格管理暂行规定》（建标［1999］1号）的通知。该规定适用于在我国境内新建、改建、扩建的建设工程，也适用于现有房屋装修工程，并规定："国务院建设行政主管部门归口管理全国工程价格。各省、自治区、直辖市建设行政主管部门的工程造价管理机构负责本地区工程价格的管理工作。国务院有关部门的工程造价管理机构负责本专业范围内的工程价格管理工作"。明确了工程价格的构成、工程价格的定价方式、工程价格的分类，以及工程招标标底价和投标报价、中标价、工程价格的计价方法、工程价格的计价依据等。对工程预付款、工

第三篇｜纪实篇｜

程进度款支付、工程造价动态管理、工程变更对工程造价增减的调整、工程费用索赔、工程竣工结算、工程竣工结算的审查、工程竣工结算监督等也进行了规定。同时提出了甲乙双方对建设工程施工合同执行过程中的工程价格争议的解决办法，明确了工程造价管理机构，以及工程造价咨询单位和造价工程师等执业专业人员的职责。

5月27日 建设部人事教育司以建人教综〔1999〕117号文批准同意中国建设工程造价管理协会的法人变更为杨思忠同志。

8月7日~8月9日 中国建设工程造价管理协会在内蒙古自治区呼和浩特市召开了会员代表大会，选举产生了杨思忠同志为理事长，马桂芝同志为秘书长的第三届理事会及常务理事会。

8月25日 为了适应城市基础设施建设工程造价管理的需要，建设部印发了关于发布《全国统一市政工程预算定额》的通知（建标〔1999〕221号），该定额共分通用项目、道路工程、桥涵工程、隧道工程、给水工程、排水工程、燃气与集中供热工程和路灯工程八册，GYD—301-1999~GYD—308-1999，自1999年10月1日起施行。《全国统一市政工程预算定额》是完成规定计量单位分项工程所需的人工、材料、施工机械台班的消耗量标准；是统一全国市政工程预算工程量计算规则、项目划分、计量单位的依据；是编制市政工程地区单位估价表、编制概算定额及投资估算指标、编制招标工程标底、确定工程造价的基础。原建设部1998年批准发布的《全国统一市政工程预算定额（试行）》（〔88〕建标字第234号）同时废止。

● 2000年

1月21日 建设部发布《造价工程师注册管理办法》（建设部令第75号）。部令对加强造价工程师的注册管理，规范造价工程师执业行为，提高建设工程造价管理水平，维护国家和社会公共利益提供了重要的依据。

是年 为做好造价工程师注册的工作，根据建设部《造价工程师注册管理办法》等有关文件的要求，中国建设工程造价管理协会印发了《关于造价工程师初始注册工作若干问题的通知》（中价协注〔2000〕015号），确定了全国各省、自治区、直辖市及国务院有关部门注册管理机构、明确了各注册管理机构的职责分工，同时对造价工程师初始注册的注册申报条件、申报程序及后期管理等提出具体要求。

1月25日 建设部发布《工程造价咨询单位管理办法》（建设部令第74号）。部令是为加强对工程造价咨询单位的管理，保障工程造价咨询工作健康发展，维护建设市场秩序而制定的，也是首次以部令形式发布的管理办法，对规范造价咨询市场起到重要的作用。

2月16日 建设部印发了《全国统一建筑安装工程工期定额》的通知（建标〔2000〕38号），自2月16日起施行。该定额是根据建设部《关于修订建筑安装工程工期定额的通知》（建标〔1998〕10号）要求，开展修订工作的，是编制招标文件的依据，是签订建筑安装工程施工合同、确定合理工期及施工索赔的基础，也是施工企业编制施工组织设计、确定投标工期、安排施工进度的参考。原城乡建设环境保护部1985年颁布的《建筑安装工程工期定额》停止使用。

3月17日 为适应工程建设的需要，规范安装工程造价计价行为，建设部印发了《关于发布〈全国统一安装工程预算定额〉和〈全国统一安装工程预算工程量计算规则〉的通知》（建标〔2000〕60号）。该通知批准发布了《全国统一安装工程预算定额》（第一～十一册）（GYD—201-2000～GYD—211-2000）和《全国统一安装工程预算工程量计算规则》（GYDG2—201-2000），自2000年3月17日起施行。《全国统一安装工程预算定额》是完成规定计量单位分项工程计价所需的人工、材料、施工机械台班的消耗量标准，是统一全国安装工程预算工程量计算规则、项目划分、计量单位的依据；是编制安装工程地区单位估价表、施工图预

第三篇 纪实篇

171

算、招标工程标底、确定工程造价的依据；也是编制概算定额（指标）、投资估算指标的基础；也可作为制订企业定额和投标报价的基础。《全国统一安装工程预算工程量计算规则》适用于安装工程施工图设计阶段编制工程预算及工程量清单，也适用于工程设计变更后的工程量计算。该规则与《全国统一安装工程预算定额》相配套，作为确定安装工程造价及其消耗量的基础。原国家计委1986年发布的十五册《全国统一安装工程预算定额》（第四册《通信设备安装工程》、第五册《通信线路工程》除外）和建设部1992年发布的第十六册《非标设备制作工程预算定额》同时停止执行。

5月8日 建设部标准定额司印发了《关于开展首批造价工程师初始注册工作的通知》（建标造［2000］38号）。该通知规定了注册受理范围、注册机构、注册程序及有关要求、注册证书及执业专用章等有关首批造价工程师初始注册的要求。

8月4日 中国建设工程造价管理协会经中华人民共和国民政部重新核准登记，登记号为3369。

9月22日 建设部发布了《工程造价咨询机构与政府部门实行脱钩改制》的通知（建标［2000］208号）。该通知是根据国务院办公厅《关于经济鉴证类中介机构与政府部门实行脱钩改制意见的通知》（国办发［2000］51号）的通知要求制定的，指导思想是按照社会主义市场经济发展的客观要求，推进工程造价咨询机构的体制改革，消除业务垄断，建立符合市场要求的自律性运行机制，促进工程造价咨询机构独立、客观、公正地执业，使工程造价咨询机构真正成为自主经营、自担风险、自我约束、自我发展、平等竞争的经济实体。

● 2001年

5月25日～5月26日 建设部标准定额司、中国建设工程造价管理协会和香港测量师学会在北京共同举办了"2001年北京国际工程造价研讨会",出席大会的代表近300余人,其中,来自英国、澳大利亚、日本等10余个国家及港澳地区的代表80余人。这是我国造价行业首次举办较高学术水平的国际工程造价研讨会。研讨会的主题是:(1)21世纪工程造价管理的发展与展望;(2)政府投资工程和大型建设项目工程造价控制程序和方法;(3)工程招投标价格形成机制及主要影响因素;(4)工程造价专业人员服务的范围和作用;(5)工程造价信息技术与计算机软件开发应用;(6)工程造价管理与WTO。

9月15日 建设部发布《全国统一施工机械台班费用编制规则》的通知(建标[2001]196号)。

9月 受建设部委托,中国建设工程造价管理协会对1997、1998年全国造价工程师执业资格考试合格及认定合格人员办理第一批造价工程师初始注册,经建设部审批合格后,为我国造价咨询企业输送了第一批具有工程造价执业资格的专业人才。

11月5日 为了规范建筑工程施工发包与承包计价行为,维护建筑工程发包与承包双方的合法权益,促进建筑市场的健康发展,建设部发布《建筑工程施工发包与承包计价管理办法》(建设部令第107号),自2001年12月1日起施行。

12月26日 建设部发布《全国建筑装饰装修工程量清单计价暂行办法》的通知(建标[2001]270号)。

12月26日 建设部发布《全国统一建筑装饰装修工程消耗量定额》的通知(建标[2001]271号)。

● 2002年

6月18日 中国建设工程造价管理协会印发了《工程造价咨询单位执业行为准则》《造价工程师职业道德行为准则》《工程造价咨询业务操作指导规程》等行业自律相关文件。为造价咨询行业的诚信体系建设和企业的规范管理奠定了基础。

6月20日 中国建设工程造价管理协会发布了《关于造价工程师继续教育实施管理办法》（中价协〔2002〕017号），对造价工程师的后期继续教育学习及管理做了明确的规定，并规范了相应的管理工作。

6月28日 中国建设工程造价管理协会网站开通，网址是：www.ceca.org.cn。

7月15日 建设部印发了《造价工程师注册管理办法的实施意见》的通知（建标〔2002〕187号）。它对造价工程师注册工作的管理及推进造价工程师注册制度的健康发展具有重要作用。该实施意见自2002年9月1日起执行。

7月19日 建设部印发了《关于转发〈国务院清理整顿经济鉴证类社会中介机构领导小组关于规范工程造价咨询行业管理的通知〉》（建标〔2002〕194号）。经国务院朱镕基总理等主要领导同意，国务院清理整顿经济鉴证类社会中介机构领导小组于6月14日印发了《国务院清理整顿经济鉴证类社会中介机构领导小组关于规范工程造价咨询行业管理的通知》（国清〔2002〕6号），文件提出了建立与社会主义市场经济相适应的行业管理体制；加强行业制度建设，提高行业规范化管理水平；各类执业机构要与挂靠单位脱钩，并分类进行规范化管理的要求。建设部根据国清6号文件的要求提出了进一步规范工程造价咨询市场，促进工程造价咨询行业的健康发展，要求各省、自治区、直辖市建设行政管理部门和国务院有关部门要按《通知》要求，切实做好以下工作：

（一）加强政府监督，充分发挥工程造价行业协会的作用。

（二）加强工程造价咨询机构的年检工作。

（三）巩固工程造价咨询机构脱钩改制的成果。

（四）打破封锁和垄断，建立全国统一的工程造价咨询市场。

7月22日 建设部、国家工商行政管理局联合印发《建设工程造价咨询合同（示范文本）》（GF-2002-0212）的通知（建标〔2002〕197号），对规范工程造价咨询市场具有重要作用。

8月28日 中国建设工程造价管理协会印发了《工程造价咨询单位资质年检综合考评办法》（中价协〔2002〕028号），以加强对工程造价咨询企业的日常管理。

● 2003年

1月3日 为了适应WTO以后形势，为会员提供与国际相关组织交流与合作的机遇，经建设部外事司报请外交部批准，外交部以《关于中国建设工程造价管理协会拟加入亚太工料测量师协会事的复函》（外国函〔2003〕14号）同意中国建设工程造价管理协会加入亚太工料测量师协会（PAQS）。

1月16日 "全国工程建设标准定额工作会议"在长春召开。这次会议的主题是认真贯彻党的十六大精神，以"三个代表"重要思想为指导，落实国务院领导的有关指示，总结五年来的工作，研究新的历史时期标准定额工作的形势和任务、部署下一阶段工作。会议由建设部党组成员、办公厅主任齐骥同志主持，建设部党组书记、部长汪光焘同志作了重要讲话，全面分析了工程建设标准定额工作面临的形势和任务，并就如何贯彻党的"十六大"精神，进一步做好工程建设标准定额工作提出了要求。郑一军副部长作了工作报告，总结了五年来标准定额工作取得的主要成绩和经验，明确了今后五年标准定额工作的目标和主要任务。会议还表彰了工程建设标准化先进集体、先进个人和荣誉工作者以及工程建设优秀标准。

2月17日　建设部发布国家标准《建设工程工程量清单计价规范》，自2003年7月1日起执行。建设工程工程量清单计价是国际上较为通行的做法，我国从2000年起先后在广东、吉林、天津等地进行了工程量清单计价的试点工作，取得了明显的成效。在建设工程招标投标中实行工程量清单计价是规范建设市场秩序、适应市场定价机制、深化工程造价管理改革的重要措施。《计价规范》的发布实施开创了工程造价管理工作的新格局，是工程造价管理工作面向我国工程建设市场，进行工程造价管理改革的一个里程碑，对推动工程造价管理改革的深入和体制的创新，建立由政府宏观调控，市场有序竞争形成工程造价的新机制发挥了重要作用。

2月25日　建设部公告第120号发布《全国统一安装工程预算定额》第十三册《建筑智能化系统设备安装工程》。

6月16日　由于"非典"原因，中国建设工程造价管理协会决定对全国具有执业资格的造价工程师继续教育推行网络教育的方式，并相继印发了《关于印发造价工程师继续教育实行网络教育的暂行办法的通知》《关于2003年对部分造价工程师继续教育实行网络教育试点工作的通知》《关于进一步加强造价工程师继续教育工作的几点意见》等相关文件，不仅方便了造价工程师随机上网学习，也推动了造价工程师网络继续教育工作在全国顺利开展。

8月28日　建设部印发《关于贯彻执行〈建设工程工程量清单计价规范〉若干问题的通知》（建办标［2003］48号）。工程量清单计价是一种新的计价方法，推行工程量清单计价，是深化工程造价管理改革的重要内容，是规范建筑市场经济秩序的重要措施。它的发布实施，有利于建立由市场形成工程造价的机制，有利于促进政府转变职能、业主控制投资、施工企业加强管理，有利于在公开、公正、公平的竞争环境中合理确定工程造价，提高投资效益。

8月 受建设部标准定额司委托，中国建设工程造价管理协会与人事部考试中心签订协议，开始负责组织全国造价工程师执业资格考试命题考务等工作。

10月15日 为了适应工程计价改革工作的需要，按照国家有关法律、法规，并参照国际惯例，在总结建设部、中国人民建设银行《关于调整建筑安装工程费用项目组成的若干规定》（建标［1993］894号）执行情况的基础上，建设部印发《建筑安装工程费用项目组成》的通知（建标［2003］206号）。并对以下进行了规定：

1.《费用项目组成》调整的主要内容：（1）建筑安装工程费由直接费、间接费、利润和税金组成。（2）为适应建筑安装工程招标投标竞争定价的需要，将原其他直接费和临时设施费以及原直接费中属工程非实体消耗费用合并为措施费。措施费可根据专业和地区的情况自行补充。（3）将原其他直接费项下对建筑材料、构件和建筑安装物进行一般鉴定、检查所发生的检验试验费列入材料费。（4）将原现场管理费、企业管理费、财务费和其他费用合并为间接费。根据国家建立社会保障体系的有关要求，在规费中列出社会保障相关费用。（5）原计划利润改为利润。

2. 为了指导各部门、各地区依据《费用项目组成》开展费用标准测算等工作，统一了《建筑安装工程费用参考计算方法》和《建筑安装工程计价程序》。

3.《费用项目组成》自2004年1月1日起施行。原建设部、中国人民建设银行《关于调整建筑安装工程费用项目组成的若干规定》（建标［1993］894号）同时废止。

11月 中国建设工程造价管理协会组团参加了在日本东京召开的亚太区工料测量师协会（PAQS）第七届年会。大会主题是：造价工程师与信息技术的联系。这是中国作为会员国身份第一次出席大会，在会上马桂芝秘书长代表中国建设工程造价管理协会申请承办第九届年会；并派天津理工大学的尹贻林教授作为中国建设工程造价管理协会（CECA）的代表参加了PAQS教育专家委员会的活动；中国建设工程造价管理协会赞助并承担了《亚太区工程造价专业国际比较的研究》课题。

● 2004年

2月19日 中国建设工程造价管理协会在湖北省武汉市召开第四次会员代表大会，选举产生了张允宽同志为理事长，马桂芝同志为秘书长的第四届理事会及常务理事会。第四届会员代表大会通过了《协会章程》和《中国建设工程造价管理协会会员管理办法》。该办法具体明确了会员的种类、权利、义务及为会员提供服务的范围、入会程序、会费标准等，办法自2004年3月1日起执行。

2月26日 中国建设工程造价管理协会印发《造价工程师继续教育实行网络教育的办法》。

6月9日 中国建设工程造价管理协会印发了《关于进一步加强造价工程师继续教育工作的几点意见》（中价协［2004］013号），对今后继续教育培训教材的编制、继续教育的形式以及对继续教育工作的指导和交流、监督与检查提出了具体意见和要求。

7月 中国建设工程造价管理协会向建设部标准定额司和人事教育司报送了《内地造价工程师与香港工料测量师资格互认协议》（报批稿）（中价协［2004］021号）。

10月20日 财政部、建设部联合印发《建设工程价款结算暂行办法》的通知（财建［2004］369号），此文件是按照国家有关法律、法规制定的，目的是为维护建设市场秩序，规范建设工程价款结算活动。

12月9日～12月11日 民政部、国家发展改革委、国资委在北京举办"全国行业协会成就汇报展览会"。经建设部推荐，中国工程建设标准化协会、中国建设工程造价管理协会参加了此次展览会，以多种形式全方位展示了协会自1979年成立以来所取得的成绩，收到了良好的效果。

● 2005年

1月25日 为加强对分支机构的管理，中国建设工程造价管理协会印发了《中国建设工程造价管理协会专业委员会工作办法（试行）》。

2月18日 针对会员管理及会费收取、使用等有关问题，中国建设工程造价管理协会印发了《中国建设工程造价管理协会会员管理办法的补充规定》（中价协〔2005〕003号），对会员管理有关问题做出具体解释，并对相关规定加以补充。

4月18日 英国皇家特许测量师学会（RICS）为经中国建设工程造价管理协会推荐，RICS考核并认可的首批获得RICS会员资格的人员颁发会员证书。

5月9日 建设部印发《关于由中国建设工程造价管理协会归口做好建设工程概预算人员行业自律工作》的通知（建标〔2005〕69号）。为贯彻落实《行政许可法》和建设部《全面推行依法行政实施纲要》的要求，加强工程造价专业队伍的行业管理和整体素质的提高，确保工程概预算的编制质量，维护建设市场秩序，经建设部研究决定由中国建设工程造价管理协会对全国从事建设工程概预算的人员实行行业自律管理。建设部标准定额司负责指导监督工作。

5月19日～5月20日 为了充分落实国务院《关于投资体制改革的决定》（国发〔2004〕20号），"方法与参数第三版"编制组根据《决定》的精神，结合面向全国广泛征求到的意见，对原稿件进行了大幅度修改，其后，由国家发展和改革委员会、建设部在北京组织召开了《建设项目经济评价方法与参数》（第三版）审查会。以中国工程院院士、国内经济评价资深专家等组成的专家组对第三版给予高度评价，认为"总体上达到国际领先水平"。

5月24日 为落实CEPA协议，内地与香港规划师、造价工程师与工料测量师互认协议签署仪式暨结构工程师首批互认人员颁证仪式在京举行。建设部副部长刘志峰、香港环境运输及工务局常任秘书长卢耀桢参加并致词。中国建设工程造价管理协会与香港测量师学会共同签署了"内地造价工程师与香港工料测量师资格互认"协议，从而启动了双方的专业人员资格互认工作。

6月27日~6月28日 经建设部外事司批准报国家科委备案，由中国建设工程造价管理协会承办的亚太区工料测量师协会（PAQS）第九届年会在大连召开。建设部副部长黄卫到会并致辞。参会人员400余人，其中港澳代表及国外代表近百人。这是我国加入世界贸易组织后第一次举办大规模的工程造价管理国际会议，提升了中国建设工程造价管理协会在国际同行中的地位和影响，为中国造价工程师和工程咨询业逐步走向国际市场，加强与同行交流和合作，搭建了良好的平台。

10月14日 中国建设工程造价管理协会印发了《关于统一换发全国建设工程造价员资格证书》（中价协［2005］015号）的通知。此文件是为贯彻落实建设部《关于由中国建设工程造价管理协会归口做好建设工程概预算人员行业自律工作的通知》（建标［2005］69号）及建设部办公厅《关于统一换发概预算人员资格证书事宜的通知》（建办标函［2005］558号）文件精神而印发的。文件指出中国建设工程造价管理协会将对原由各省、自治区建设厅、直辖市建委、国务院各有关部门工程造价管理机构颁发的工程造价从业人员的各类资格证书，统一换发由中国建设工程造价管理协会印制的《全国建设工程造价员资格证书》，该资格证书是造价员从事工程造价工作、岗位技能和业务水平的证明，在全国范围内有效。

● 2006年

3月10日 根据中国建设工程造价管理协会与香港测量师学会签订的《内地造价工程师与香港工料测量师互认协议》，双方对首批造价工程师和香港测量师学会会员进行了互认核准，内地造价工程师197人获香港工料测量师资格，香港测量师学会173人获中华人民共和国造价工程师执业资格。

3月22日 建设部发布《工程造价咨询企业管理办法》（建设部令第149号），自2006年7月1日起施行。该部令是为了加强对工程造价咨询企业的管理，提高工程造价咨询工作质量，维护建设市场秩序和社会公共利益，根据《中华人民共和国行政许可法》《国务院对需保留的行政审批项目设定行政许可的决定》制定的，包括总则、资质等级与标准、资质许可、工程造价咨询管理、法律责任、附则共六章。2000年1月建设部公布的《工程造价咨询单位管理办法》（建设部令第74号）同时废止。

6月5日 中国建设工程造价管理协会印发《全国建设工程造价员管理暂行办法》（中价协〔2006〕013号）的通知。办法是根据建设部《关于由中国建设工程造价管理协会归口做好建设工程概预算人员行业自律工作的通知》（建标〔2005〕69号）文件精神制定的，自发布之日起试行。

6月9日 建设部印发《关于开展工程造价咨询企业资质就位工作的通知》（建标造函〔2006〕29号）。

6月19日 为推动我国工程造价咨询行业的健康发展，促进我国工程造价咨询企业做大做强，中国建设工程造价管理协会组织开展首届工程造价咨询企业营业收入百名排序活动，同时印发《工程造价咨询企业营业收入百名排序暂行办法》。

7月3日 国家发展改革委和建设部下发了《关于印发建设项目经济评价方

法与参数的通知》(发改投资〔2006〕1325号),要求在开展投资项目经济评价工作中借鉴和使用。《建设项目经济评价方法与参数》(第三版)适应了我国社会主义市场经济体制的需要,贯彻了《国务院关于投资体制改革的决定》的精神,总结了《方法与参数》第一、二版的应用经验,既规范政府投资项目经济评价方法,又为企业投资决策提供重要的参考依据。《方法与参数》(第三版)的发布,在我国投资领域产生了较大反响,中国工程咨询协会将第三版作为注册咨询工程师(投资)考试的指定教材。

7月5日 根据《全国建设工程造价员管理暂行办法》文件精神,在广泛征求意见的基础上,中国建设工程造价管理协会确定了《全国建设工程造价员资格考试大纲》。该考试大纲的印发,进一步规范了全国建设工程造价员资格考试的标准,可作为造价员考前培训和考试命题的依据,也是应考人员必备的指导性材料。

10月 建设部标准定额研究所组织编制了《建设项目经济评价案例》,作为《建设项目经济评价方法与参数》(第三版)的配套书籍。《案例》包括资源开发、能源开发、交通运输、制造业、农业、水利、教育、卫生、城市基础设施等15个项目。

11月6日 为适应城市轨道交通工程建设的需要,提高城市轨道交通工程设计概预算编制工作的质量,建设部印发了《城市轨道交通工程设计概预算编制办法》,自2007年3月1日起施行。

11月28日 建设部印发了《关于召开中国工程造价咨询行业发展论坛的通知》(建标造函〔2006〕73号)。为全面贯彻落实科学发展观,适应工程建设市场形势,研究工程造价咨询行业发展战略,举办中国工程造价咨询行业发展论坛。论坛主题是:转变观念、创新服务、稳步发展。

论坛内容:(1)中国工程造价咨询行业发展回顾与展望;(2)如何适应

二十一世纪的发展趋势；（3）"十一五"规划期间中国建筑产业发展前景；
（4）工程造价咨询企业发展经验交流。

12月25日 建设部发布《注册造价工程师管理办法》（建设部令第150号）。
该办法在造价工程师注册、注册管理及执业等方面做了明确的规定，
同时也更加规范了注册造价工程师各级管理机构的办理程序。该办法自
2007年3月1日起施行。2000年1月21日发布的《造价工程师注册管理办
法》（建设部令第75号）同时废止。

● 2007年

2月8日 中国建设工程造价管理协会发布《建设项目投资估算编审规
程》（CECA/GC 1-2007）、《建设项目设计概算编审规程》（CECA/GC
2-2007）。上述两规程均自2007年4月1日起试行。这是首次以协会标准
形式发布行业规范。

2月16日 建设部标准定额司印发了《2007年工作要点》（建标综函
[2007] 12号）的通知。提出了加快完善工程建设标准、开展计价依据的
编制工作、做好劳动定额编制工作、进一步完善工程项目建设标准和用
地指标、推进工程建设标准体制改革、完善工程造价咨询的许可和监管
机制、加强标准宣贯培训和强制性标准实施监督、推动工程造价信息化
工作、提升中国工程建设标准的国际化水平、加强调查研究全面总结和
规划标准定额事业的发展等十项任务。

3月 经建设部党组讨论通过，建设部外事司报请中华人民共和国外交部
批准，经曾培炎副总理、唐家璇国务委员圈阅，同意中国建设工程造价
管理协会作为中国工程造价行业唯一代表的国家组织加入国际造价工程
联合会（ICEC）。

4月24日 根据《全国建设工程造价员资格管理暂行办法》和《全国建设

工程造价员资格考试大纲》的要求，中国建设工程造价管理协会组织编写了《建设工程造价管理基础知识》，作为全国建设工程造价员资格考试的统一培训教材。

5月22日 建设部标准定额司在天津召开"城市轨道交通工程设计概预算编制办法宣贯研讨会"。有关省、市工程造价（定额）站、城市地下铁道公司、城市轨道交通工程设计研究院和施工企业共150多名代表参加了会议。《城市轨道交通工程设计概预算编制办法》编制组在会上作了技术交底，并介绍和演示了开发的配套应用软件，有关单位的代表交流了城市轨道交通工程造价管理的经验与体会，与会代表针对加快建立和完善我国城市轨道交通工程造价管理的计价体系，贯彻执行好办法提出了有关措施和建议。

6月26日 建设部批准发布了《市政工程投资估算指标》。该估算指标有助于合理确定和控制道路工程、给水工程、燃气工程、集中供热热力网工程的工程投资，满足市政建设项目编制项目建议书和可行性研究报告投资估算的需要，自2007年12月1日施行。

6月27日 建设部印发了《市政工程投资估算编制办法》，进一步加强市政工程项目投资估算工作，提高估算编制质量，合理确定市政建设项目投资。

7月20日 中国建设工程造价管理协会发布《建设项目工程结算编审规程》（CECA/GC 3-2007）。本规程自2007年8月1日起试行。

7月31日《中国工程建设标准定额人事记》（1949-2006）编制完成。建设部副部长黄卫同志为大事记作序，干志坚、郑一军、徐义屏、杨鲁豫同志分别题词。该大事记如实记载和反映了从1949年建国至2006年中国工程建设标准定额事业发展过程中所经历的重大事件或重大公务活动，收集整理了领导同志对标准定额工作的批示、重要会议活动文献，突出了工程建设标准化、工程造价管理、建设标准、方法参数、投资估算、用地指标、无障碍建设、产品认证、信息化的大事记。历时1年半，经反复修改、审核后出版印刷。该书的出版促进了人们总结经验，吸取教训，掌握发展规律，不断提高工作效率和管理水平，同时以宣传、教育为目的，为从事工程建设标准定额这项工作的同志在短时间内就能够在前人经验总结的基础上开拓创新提供了可能。回顾标准定额发展历程，对于进一步加强工程建设标准定额工作，充分发挥工程建设标准定额在工程建设方面的技术经济支撑和引导约束作用，更好地推动工程建设标准定额事业的改革与发展，有着重要作用和意义。

8月1日 为配合建设部开展建设工程造价信息化工作，逐步实现对造价专业人员的动态管理，中国建设工程造价管理协会印发《关于做好全国建设工程造价员信息数据管理工作的通知》（中价协〔2007〕016号），要求各造价员归口管理机构应建立造价员网络管理系统与造价员公共信息查询平台，并实行基本信息上报制度。

9月6日 建设部批准发布了《爆破工程消耗量定额》，自2008年1月1日起施行。

10月18日 建设部批准发布了《市政工程投资估算指标》（桥梁第5册）。该估算指标有助于合理确定和控制桥梁工程、排水工程、防洪堤防工程、隧道工程和路灯工程的工程投资，满足该类项目编制项目建议书和可行性研究报告投资估算的需要。

12月10日 根据《注册造价工程师管理办法》（建设部令第150号）的要求，中国建设工程造价管理协会重新修订并印发了《注册造价工程师继续教育实施暂行办法》（中价协〔2007〕025号）。

● **2008年**

1月4日 建设部标准定额司印发了《关于注册造价工程师变更、暂停执业、注销注册等有关事项的通知》和《关于统一注册造价工程师注册证书的编号、执业印章制作样式等有关规定的通知》，进一步规范注册造价工程师的注册管理。

1月29日 建设部标准定额司印发了《2008年工作要点》（建标综函〔2008〕11号），提出了推进全文强制标准的制定、继续完善工程建设标准体系、继续推进工程量清单计价改革、加快政府投资项目经济技术规则编制进度、完善工程造价咨询的许可和监管制度、推进工程建设标准化支撑体系建设、认真做好《建设工程劳动定额》的贯彻落实工作、不断提高工程造价信息化建设、加快实施工程建设标准国际化战略、全面推动全国无障碍城市建设工作等十项任务。

2月25日 根据《内地与香港关于建立更紧密经贸关系安排》及建设部的有关要求，中国建设工程造价管理协会与香港测量师学会于2006年完成了内地注册造价工程师与香港工料测量师的互认工作，有173名香港工料测量师取得了内地注册造价工程师互认证书。为做好这些香港专业人士的初始注册工作，根据《注册造价工程师管理办法》（建设部令第150号）的规定，建设部开展造价工程师（香港地区）初始注册工作。

3月4日 "2008年工程造价信息化工作组会议"在北京召开。会议提出了：完善建筑工程实物量与建筑人工成本信息发布工作；尽快启动城市住宅建筑工程造价信息的测算和发布工作；2008年上半年前发布《建设工程人材机信息数据标准》；2008年4月底完成党政机关办公楼工程造价信息数据标准的制定，部署党政机关办公楼工程造价信息测算和发布工作；2008年上半年前开通城市轨道交通工程造价信息网，完成城市轨道交通工程概预算软件的审查；开展工程造价指标指数体系的研究等六项任务。

3月6日 建设部标准定额司印发了《关于开展城市住宅建筑工程造价信息测算和发布工作的通知》,加强了对城市住宅建造成本的监测和指导,规范并统一了全国城市住宅建筑工程造价信息数据库的建设,为各级政府和有关部门及时掌握有关数据提供了依据。

4月1日 为加强工程造价行业的自律管理,按照《全国建设工程造价员资格考试大纲》的要求,统一《建设工程造价管理基础知识》科目考试内容,中国建设工程造价管理协会组织专家编写了该科目的试题库,与之配套使用的计算机试题抽卷系统也通过验收,从2008年4月1日起,正式对全国造价员归口管理机构开通。

4月8日 住房和城乡建设部标准定额司在北京召开"建筑人工成本信息发布工作会议"。会议对2007年组织各地工程造价管理机构开展的建筑工程实物工程量与建筑工种人工成本信息测算和发布工作经验进行了总结,对进一步推动建筑人工成本信息发布工作进行了部署。

4月17日 中国建设工程造价管理协会专家委员会正式成立。为充分发挥行业专家、学者的作用,中国建设工程造价管理协会从各有关造价协会及中国建设工程造价管理协会各专业委员会推荐的400多位专家中,选聘了107位具有代表性的专家,作为中国建设工程造价管理协会专家委员会委员,其余的专家统一编入中国建设工程造价管理协会专家库中。

5月13日《中国建设工程造价管理协会专家委员会管理暂行办法》(中价协〔2008〕006号)经专家委员会第一次会议讨论通过正式发布。《办法》对专家委员会的成立、职责、组织机构以及委员应具备的条件等作出了明确规定。

6月3日 住房和城乡建设部批准发布了《市政工程投资估算指标》。

7月9日 住房和城乡建设部批准发布了《建设工程工程量清单计价规范》（GB 50500-2008），取代原《建设工程工程量清单计价规范》（GB 50500-2003）。

7月15日 住房和城乡建设部对香港工料测量师互认后申请造价工程师初始注册的人员进行了审核，并核准和公布了何锦铭等65名造价工程师（香港地区）初始注册人员名单。

9月23日 住房和城乡建设部批准发布了《城市轨道交通工程投资估算指标》。

10月14日《建设工程工程量清单计价规范》（GB 50500-2008）宣贯会在北京召开。会议要求各地区、行业工程造价管理机构，抓住贯彻新规范的契机，认真做好新规范的贯彻实施，开拓工作新思路，努力创造工程造价管理工作新局面。

10月15日 住房和城乡建设部批准发布了《城市轨道交通工程预算定额》。

12月2日 中国建设工程造价管理协会在广州为首批获得内地造价工程师初始注册的香港工料测量师人员颁发《注册证书》和在内地执业专用章。

12月23～12月24日 中国建设工程造价管理协会在上海召开第五次会员代表大会。本次会议听取和审议了第四届理事会工作报告，审议和通过了第四届理事会财务工作报告、《中国建设工程造价管理协会章程》和《中国建设工程造价管理协会会员管理办法》，选举产生了以张允宽同志为理事长，马桂芝同志为秘书长的第五届理事会及常务理事会。

● 2009年

1月12日 住房和城乡建设部标准定额司印发了《2009年工作要点》（建标

综函〔2009〕3号）。《要点》提出认真履行承担建立工程建设标准体系的职责，突出解决技术支撑体系的建立；加快"保增长"有关的标准出台，充分发挥标准定额的引导和约束作用；强化标准项目管理的动态跟踪，建立工程造价信息发布制度的工作平台；严格执行强制性标准，加大重点领域、重要内容标准的宣传贯彻和监督检查；积极推进重大课题的研究，加强法规制度建设等五项任务。

2月1日 住房和城乡建设部印发了《关于进一步加强工程造价（定额）管理工作的意见》（建标〔2009〕14号）。《意见》指出，当前，随着中央扩大内需、促进经济平稳较快发展决策的落实和相关投资的到位，工程建设投资规模将会出现较快的增长，进一步加强工程造价（定额）管理，提高投资效益，显得更加重要和紧迫。为了进一步明确工程造价（定额）管理机构职责，确保工程造价（定额）管理工作的连续性、稳定性，发挥工程造价（定额）工作在工程建设行政管理中的作用，要求：（1）进一步加强工程造价（定额）管理工作；（2）进一步明确工程造价（定额）管理机构的职责；（3）积极协调有关部门，落实工作经费。

2月24日 住房和城乡建设部标准定额司在深圳召开"工程造价管理工作座谈会"。会议主题是交流各地取消定额测定费后，落实工作经费以及事业单位改革的情况；研究落实今年工程造价信息、工程量清单计价规范附录部分的修订、工程造价咨询企业监管、107号部令的修订等重点工作的安排。

4月9日 住房和城乡建设部标准定额司印发了《关于甲级工程造价咨询企业资质延续有关问题的通知》（建标造函〔2009〕22号），对甲级工程造价咨询企业资质延续工作进行了规范。

4月10日 住房和城乡建设部标准定额司印发了《关于2009年建筑工程人工成本信息收集和测算工作的补充通知》。《补充通知》要求各地在我国

《关于开展建筑工程实物工程量与建筑工种人工成本信息测算和发布工作的通知》规定的基础上，对自2009年二季度起建筑工程人工成本信息收集、测算和发布工作提出了补充规定。

4月23日 住房和城乡建设部标准定额司在山东泰安召开"工程造价信息化工作专题研讨会议"。会议研讨了中国建设工程造价信息网（cecn.gov.cn）政务信息的有关工作，研讨了住宅造价指标信息发布等工作，讨论了《建筑市场管理条例》有关工程造价管理的条款（初稿）。

5月19日《建设工程劳动定额》宣贯会在北京召开。

5月20日 为推动和规范建设项目全过程造价管理，中国建设工程造价管理协会发布《建设项目全过程造价咨询规程》（CECA/GC 4-2009）。本规程自2009年8月1日起试行。

6月22日 为继续做好内地造价工程师与香港工料测量师互认工作，双方签署《内地造价工程师与香港工料测量师》互认补充协议，同意继续开展内地造价工程师与香港工料测量师的资格互认工作。

10月1日 为进一步加强造价员行业自律管理，中国建设工程造价管理协会建立了全国造价员网络继续教育系统，该系统是利用现代化信息技术手段整合各种资源，为各造价员归口管理机构和广大造价员服务的平台，系统于10月1日正式开通运行。

● 2010年

2月11日 住房和城乡建设部标准定额司印发了《2010年工作要点》（建标综函［2010］18号）。2010年标准定额的工作思路是：认真贯彻学习党的十七大、十七届四中全会和中央经济工作会议精神，紧密结合调整经济结构、转变发展方式，着力推进标准体系、标准实施监督的建设，认真梳理和清理现行和在编的标准项目，建立和完善标准制定程序、工程造价管理、政府投资建设标准等各项制度，夯实基础、增强能力，促进标准定额工作迈上新台阶。

3月25日~3月26日 中国建设工程造价管理协会在广州召开《建设项目全过程造价咨询规程》宣贯会。中国建设工程造价管理协会就工程造价行业标准体系的建立及设想，目前已经编制和正在编制的标准作了介绍，对全过程造价咨询规程各个阶段突出问题进行详细解读，并结合实际工作对全过程造价咨询的理念要求、项目的组织实施、决策及设计阶段的造价控制、工程造价相关合同管理等内容进行了较为详尽的讲解。

5月14日 亚太区工料测量师协会（PAQS）主席张维新先生和新加坡工料测量师协会（SISV）工料测量组主席吴彦鸿先生对中国建设工程造价管理协会进行了正式访问。会谈期间，张维新先生代表亚太区工料测量师协会希望中国建设工程造价管理协会派代表团参加今年在新加坡举行的第14届PAQS年会，并就大会的筹办情况进行了介绍。张允宽会长介绍了中国造价行业发展的最新成就，并就双方在专业培训、理论研究等方面的交流与合作交换了意见。

7月30日 住房和城乡建设部标准定额司在北京召开工程造价咨询统计报表制度座谈会，有关省市、部门管理机构和企业的代表共20余人参加了座谈会。住房和城乡建设部标准定额司造价处对建立工程造价咨询统计报表制度的作用、意义及重要性，建立统计报表制度工作做了简要的说明；中国建设工程造价管理协会介绍了统计指标的设计情况；系统开发人员讲解了工程造价统计报表系统的各项功能；会议代表都对建立此项制度表示支持，希望尽早出台政策，代表们针对统计指标设计的是否合理、全面和可操作性以及统计报表系统功能方面的问题进行了充分讨论，并提出了具体的意见和建议。

7月23日~7月27日 中国建设工程造价管理协会代表团参加在新加坡召开的第7届国际工程造价管理委员会大会（ICEC）及第14届环太平洋地区工料测量师协会（PAQS）年会。

9月16日 中国建设工程造价管理协会成立20年庆典暨第五届理事会第二次会议在北京召开。住房和城乡建设部办公厅、人事司、标准定额司和社团党委等部门的领导出席庆典并致辞；共有来自国际造价工程联合会（ICEC）、亚太区工料测量师协会（PAQS）及新加坡、英国、香港和国内工程造价行业的300余位代表参加了庆典活动。

12月31日 住房和城乡建设部印发了《关于报送2010年工程造价咨询统计报表的通知》[建标函（2010）950号]。经国家统计局批准，自2010年起实行《工程造价咨询统计报表制度》。

● 2011年

1月6日~11月8日 全国造价工程师继续教育与造价员管理工作会议在云南腾冲召开。本次会议召开了两个专题会议：全国造价员管理系统交底和注册造价工程师继续教育工作座谈会。

3月3日 住房和城乡建设部标准定额司印发了《2011年工作要点》（建标综函[2011]20号）。2011年标准定额司的工作思路是：认真贯彻落实十七届五中全会和中央经济工作会议精神，深入贯彻落实科学发展观，充分发挥标准定额技术保障和支撑作用，强化标准规范的协调性和系统性，突出公共服务设施建设标准制定，狠抓标准编制质量和进度，加快造价咨询诚信体系建设，统筹兼顾，指导各地做好标准、工程造价的实施与监管工作，进一步完善法规制度，推进标准定额事业稳步发展。

3月10日 住房和城乡建设部标准定额司在北京召开了工程造价咨询统计工作会议。会议代表结合前一时期试填工作，交流了工作情况并对《工程造价咨询统计报表制度》提出了有关概念的理解和把握的若干问题，为了更好的指导统计报表填报工作。

4月22日 第十一届全国人民代表大会常务委员会第二十次会议通过了《关于修改〈中华人民共和国建筑法〉的决定》。

5月13日 美国造价工程师协会（AACEI）前主席Stephen先生和学会南加州分会常务理事沈峰先生访问中国建设工程造价管理协会。双方就相互关心的问题交换了意见和看法，并就两个专业协会今后一段时期在专业人员的继续教育、科研课题的开发、共同举办学术论坛等诸多领域加强合作达成了共识。

5月16日~5月17日 住房和城乡建设部标准定额司在山东省泰安市召开全国工程建设标准定额工作座谈会议。会议指出标准定额工作是系统工程，要加强组织领导，健全管理机构，落实工作责任，团结部门、地方、行业协会和中介机构等各方力量，推进标准定额工作再上新台阶。

5月19日 住房和城乡建设部标准定额司印发了《关于做好建设工程造价信息化管理工作的若干意见》（建标造函〔2011〕46号）。

5月24日 英国诺森比亚大学周蕾博士专程拜访中国建设工程造价管理协会。周博士现为诺森比亚大学大学建筑与自然环境学院专业讲师，专门讲授有关建筑经济及工程造价方面的专业课程。会谈期间，双方就高等院校工程造价管理专业如何在产、学、研等领域更好地与企业、协会加强横向交流与合作，提升工程造价专业人才在本地区及世界范围内的地位进行了深入探讨。此外，双方就高等院校工程造价专业方面的科研课题交换了意见，并互赠了科研成果报告。

8月9日~8月10日 中国建设工程造价管理协会在上海召开"工程造价行

业发展战略课题研讨会暨京沪工程造价企业交流会",通过此次研讨会,为中国工程造价行业未来发展的方向进行多角度、多方位的探索,为中国工程造价行业未来可持续发展出谋献策,同时通过交流研讨会的形式,为工程造价行业企业之间建立起一个良好的互动平台。

10月26日 中国建设工程造价管理协会张允宽理事长带队一行18人,出席了在香港举行的第二批内地造价工程师与香港工料测量师颁证仪式。为了进一步落实CEPA协议,根据中国建设工程造价管理协会与香港测量师学会2005年5月24日签署的《内地造价工程师与香港工料测量师互认协议》及2009年6月22日签署《互认补充协议》的要求,中国建设工程造价管理协会与香港测量师学会完成了第二批内地造价工程师与香港工料测量师互认工作,并最终确定了第二批香港测量师学会会员取得内地造价工程师互认合格166名、内地造价工程师取得香港工料测量师学会会员资格172人。

12月 在全国住房和城乡建设工作会议上,姜伟新部长提出:"完善住房城乡建设标准定额体系建设"。

● 2012年

1月30日 中国建设工程造价管理协会印发《2012年工作要点》(中价协〔2012〕002号)。2012年协会工作总体思路是:紧紧围绕住房和城乡建设部中心工作,认真落实工程造价行业"十二五"规划提出的总体目标和有关任务,在推进法规建设、夯实专业基础、加强行业自律、为会员服务等方面,充分发挥协会联系政府、服务企业的桥梁纽带作用,促使协会各项工作再上新台阶。

2月9日 住房和城乡建设部标准定额司印发《2012年工作要点》(建标综函〔2012〕20号)。2012年标准定额的工作思路是:认真贯彻党的十七大、十七届六中全会和中央经济工作会议精神,进一步按照科学发展观的要求，继续完善标准定额体系，健全体制机制，发挥标准定额的先进性、强制性和适用性作用，调动各方力量，加强标准定额编制和实施监督的全过程管理，促进标准定额事业健康发展。

2月28日 住房和城乡建设部标准定额司在厦门召开了2011年工程造价咨询统计工作会议。住房和城乡建设部标准定额司、计划财务与外事司，中国建设工程造价管理协会及建设工程造价咨询统计工作的负责人等80余人参加了此次会议。会议上四川省、辽宁省、湖南省对本地区统计工作的经验进行了介绍，并与其他与会代表进行了交流。统计工作一是要充分认识其重要性并理解其目的和意义，争取相关单位的重视和配合；二是加强宣贯，引导企业自觉及时上报数据的基础上加强管理，保证统计工作质量；三是要明确相关工作责任，严格要求企业及时准确上报统计数据，并对数据的真实性负责；四是要认真负责，及时发现企业上报数据存在的问题，并与企业沟通修改数据，进一步保证统计数据准确性。

3月 陈大卫副部长对造价管理工作作出批示："要按照健全现代市场体系要求，完善基本制度，务实解决问题，服务发展、服务企业、服务社会"。先后多次听取工程造价管理工作汇报。

3月21日 马来西亚大学师生一行48人到中国建设工程造价管理协会进行访问和交流。根据马来西亚测量师协会要求及该校考察计划和安排，中国建设工程造价管理协会特别邀请北京市建设工程造价管理处，对奥运工程项目建设情况做了专题讲座。

3月24日 住房和城乡建设部标准定额司在南京组织召开工程造价管理工作座谈会。传达向部领导汇报工程造价管理工作的情况，进一步征求并落实对下一步工程造价工作安排的意见。

4月17日～4月19日 住房和城乡建设部标准定额研究所在江西省组织召

开了2012年度全国工程造价信息员会议。会议对近两年来的工程造价信息化工作进行了回顾，提出了下一步工作的要求。浙江、江苏、甘肃、江西工程造价管理总站做了工程造价信息化工作经验交流。会议还对中国工程造价信息网改版后的相关软件操作进行了交底说明。与会代表讨论了人工成本、住宅、城市轨道交通、政法基础设施造价信息采集、汇总、填报工作中遇到的问题，提出了建议。

5月15日　陈大卫副部长在标准定额司《关于加强工程造价管理工作的报告》及《工程造价管理工作安排》的签报上批示：

"姜部长：

根据您在行业会上的部署，标定司组织所、协会多次召开座谈会听取企业意见，共同研制，剖析问题。企业在肯定成绩的同时，呼唤制度完善与创新，症结是传统的定额造价管理方式已无法较好地适应新形势下市场主体诉求与行业发展需要。经集思广益，现较为系统地提出了重新审视与有序修订基本制度的工作安排并明确了时序与责任分工。

妥否，请予审示。"

姜部长批示："好。"

6月23日～6月27日　中国建设工程造价管理协会派代表团出席在南非召开的国际工程造价联合会（ICEC）第八届大会。

7月7日～7月10日　中国建设工程造价管理协会派代表团出席在文莱召开亚太区工料测量师协会（PAQS）第16届年会。分别参加了理事会、教育和认证委员会、研究委员会、青年组会议和学术交流论坛。

8月15日　住房和城乡建设部标准定额司在新疆维吾尔自治区乌鲁木齐市召开了全国统一定额修编工作启动会。会议对全国统一定额修编工作的重要性、迫切性做了说明，并对全国统一定额修编工作提出了要求。

10月16日 中国建设工程造价管理协会在山西省太原市召开第六次会员代表大会。会议代表审议通过了第五届理事会工作报告、财务报告，以及《中国建设工程造价管理协会章程和会员管理办法修改说明》和《第六届理事会理事组成方案的说明》。选举产生了以徐惠琴同志为理事长、吴佐民同志为秘书长的第六届理事会及常务理事会。

11月2日~11月3日 中国建设工程造价管理协会在云南省丽江市召开注册造价工程师继续教育管理先进单位和先进个人评审会议。评选工作坚持公平、公正、公开的原则，中国建设工程造价管理协会成立了由部分省级造价管理总站、造价协会、执业资格注册中心、部门专委会的领导和有关人员组成的评审委员会。

12月12日 应香港测量师学会的邀请，住房和城乡建设部标准定额司、中国建设工程造价管理协会出席了在深圳举办的香港工料测量师注册内地造价工程师的颁证仪式，为2012年经住房和城乡建设部批准合格的65名香港测量师学会会员颁发内地造价工程师注册证书。

12月25日 住房和城乡建设部批准发布了《建设工程工程量清单计价规范》（GB 50500-2013）和《房屋建筑与装饰工程工程量计算规范》（GB 50854-2013）、《仿古建筑工程工程量计算规范》（GB 50855-2013）、《通用安装工程工程量计算规范》（GB 50856-2013）、《市政工程工程量计算规范》（GB 50857-2013）、《园林绿化工程工程量计算规范》（GB 50858-2013）、《矿山工程工程量计算规范》（GB 50859-2013）、《构筑物工程工程量计算规范》（GB 50860-2013）、《城市轨道交通工程工程量计算规范》（GB 50861-2013）、《爆破工程工程量计算规范》（GB 50862-2013），取代《建设工程工程量清单计价规范》（GB 50500-2008）。这是总结了十年清单计价的大修订，计价与计量规则分别编制国家标准，对施工图发承包的计价行为作了系统规范。

● 2013年

1月21日 中国建设工程造价管理协会印发了《2013年工作要点》(中价协 [2013] 004号),提出2013年协会工作要点为:一、配合政府主管部门推进法制建设;二、完成政府主管部门交办的有关工作;三、完善行业自律平台,建立信用评价体系;四、深入开展工程造价领域重点问题研究;五、加强工程造价专业基础建设;六、做好国内外交流,开好第17届亚太工料测量师协会年会;七、加强工程造价专业人员素质教育;八、完善协会自身建设,加强党建和文化工作。

2月6日 住房和城乡建设部标准定额司印发了《2013年工作要点》(建标综函 [2013] 13号)。2013年,标准定额工作的总体思路是:认真贯彻落实党的十八大精神和科学发展观,服务经济社会改革和发展,坚持以人为本,更加关注民生,继续完善标准定额体系,健全体制机制,调动各方力量,加强标准定额制定和实施监督的全过程管理,发挥标准定额的约束引导作用,促进标准定额事业持续、快速、健康发展。

2月7日 住房和城乡建设部批准《工程造价术语标准》(GB/T 50875-2013)为国家标准,自2013年9月1日起实施。

3月21日 住房和城乡建设部、财政部发布《关于印发〈建筑安装工程费用项目组成〉的通知》(建标 [2013] 44 号)。为适应工程量清单计价的需要,在总结原建设部、财政部《建筑安装工程费用项目组成》(建标 [2003] 206 号)执行情况的基础上,将费用项目修订为分部分项工程费、措施项目费、其他项目费、规费和税金;按清单计价的要求修订计价程序,解决了费用项目不适应清单计价的问题。

5月20日 中国建设工程造价管理协会主办的亚太区工料测量师协会(PAQS)第17届年会在西安正式拉开序幕。住房和城乡建设部总工程师陈重先生,PAQS主席高顿先生,陕西省住房和城乡建设厅副厅长郑建钢先生，住房和城乡建设部标准定额司司长刘灿先生，中国建设工程造价管理协会理事长徐惠琴女士、秘书长吴佐民先生以及PAQS各成员国主席和来自国内外的450名会议代表出席了本届年会。

6月26日 由住房和城乡建设部人事司、教育部职业教育与成人教育司、中国建设教育协会、天津市教委共同主办，天津国土资源和房屋职业学校承办的2013年全国职业院校技能大赛中职组建设职业技能比赛在天津举行。

6月30日～7月3日 中国建设工程造价管理协会派代表团出席在美国华盛顿召开的国际工程造价协会（AACE）第57届年会。这是中国建设工程造价管理协会首次派代表团参加AACE年会，通过参加本次年会，进一步巩固和增强了中国在国际工程造价行业上的地位，增进了我国工程造价专业组织与世界其他专业团体的友谊与合作，为国内工程造价咨询行业国际化发展提供了良好的沟通与交流平台。

7月10日 中国建设工程造价管理协会在吉林省长春市召开了第一届企业家论坛。本次论坛的主题是：适应变革，实现价值。本次论坛由"联合共赢"、"企业文化"和"信息化"三个分主题组成。

8月17日～8月26日 应俄罗斯文化商业促进协会及捷克建筑师协会的邀请，中国建设工程造价管理协会组团赴俄罗斯、捷克就两国工程造价行业发展情况进行考察访问。在俄罗斯期间，考察团专访了俄罗斯文化商业促进协会。在捷克期间，重点考察了捷克建筑业协会，并与他们进行了会谈。

10月29日 中国建设工程造价管理协会与英国特许土木工程测量师学会（ICES）在北京建筑大学联合举办了主题为"中东、非洲地区建筑业及其发展——工程项目采购及涉外法律的解读与实践"的公益讲座，行业内近80余人参加了会议。

12月11日 住房和城乡建设部发布《建筑工程施工发包与承包计价管理办法》（住房和城乡建设部令第16号），自2014年2月1日起施行。原建设部2001年11月5日发布的《建筑工程施工发包与承包计价管理办法》（建设部令第107号）同时废止。

12月19日 住房和城乡建设部批准《建筑工程建筑面积计算规范》（GB/T 50353-2013）为国家标准，自2014年7月1日起实施。原《建筑工程建筑面积计算规范》（GB/T 50353-2005）同时废止。

● 2014年

1月28日 住房和城乡建设部标准定额司印发了《2014年工作要点》（建标综函［2014］9号）。2014年标准定额工作总体思路是：以邓小平理论、"三个代表"重要思想、科学发展观为指导，全面贯彻党的十八大和十八届二中、三中全会，以及中央经济工作会议和中央城镇化工作会议精神，以增强标准定额支撑经济社会发展能力为主题，以强化标准定额管理运行机制为主线，以改革创新为动力，积极推进标准定额深化改革。

在工程造价管理方面提出：深化工程造价管理改革，要系统梳理工程造价管理中取得的成效和问题，紧紧围绕使市场在工程造价确定中起决定性作用，以制度标准建设、市场活动监管、造价公共服务提升为重点，充分发挥造价管理在规范建筑市场秩序、提高投资效益、保证质量安全上的基础作用。

1月21日～1月22日 住房和城乡建设部标准定额司在北京召开《建筑工程施工发包与承包计价管理办法》宣贯会。住房和城乡建设部标准定额司、法规司出席会议并对本办法各条款修订情况进行讲解，各省、自治区、直辖市负责造价管理工作的处、站负责人参加了会议。

2月19日 中国建设工程造价管理协会印发了《2014年工作要点》(中价协〔2014〕3号)。2014年工作要点为：一、配合政府主管部门开展立法工作，完成部交办的工作；二、完善工程造价管理专业标准和规范；三、建立健全工程造价行业诚信体系，提高行业信用管理水平；四、履行协会服务职能，促进会员服务工作上新台阶；五、加强人才队伍建设，适应市场经济发展需要；六、推动行业信息化工作发展的进程；七、加强行业宣传力度，提高社会认知度；八、做好秘书处自身建设，丰富党建和行业文化活动。

3月4日 住房和城乡建设部标准定额司和法规司联合召开了《建筑工程施工发包与承包计价管理办法》宣贯会议。会议强调，各级住房城乡建设主管部门要把宣传贯彻《办法》作为近期的一项重要工作，要全面把握内容、严格执行规定、切实采取措施，把宣传贯彻工作落到实处。

4月24日～4月25日 为做好《建筑工程施工发包与承包计价管理办法》(住房和城乡建设部令第16号)的宣贯工作，中国建设工程造价管理协会与北京建设工程造价管理协会在北京市联合召开宣贯会议，来自北京以及北方部分省市建设、施工、造价咨询等单位相关专业人士近300名参加了本次会议。

5月 徐惠琴理事长以亚太区国际工料测量师学会(PAQS)轮值主席和中国建设工程造价管理协会理事长的双重身份，带团出访马来西亚和澳大利亚，先后拜会了马来西亚工料测量师管理委员会(BQSM)和PAQS的成员组织之一的马来西亚皇家工料测量师学会(RISM)，走访了PAQS设在马来西亚的秘书处。本次出访加强了中国建设工程造价管理协会与其他PAQS组织之间的相互了解，加深了彼此的友谊，并为提升我国工程造价行业在亚太区乃至世界范围的影响力和未来工程造价专业在全球范围内的健康可持续发展做出了有意义的努力和尝试。

7月 中国建设工程造价管理协会获得民政部颁发的中国社会组织评估4A级社会组织称号。

7月25日 为贯彻落实《关于推进建筑业发展与改革的若干意见》（建市〔2014〕92号），加快推进建筑市场监管信息化建设，保障全国建筑市场监管与诚信信息系统有效运行和基础数据库安全，住房和城乡建设部制定了《全国建筑市场监管与诚信信息系统基础数据库数据标准（试行）》和《全国建筑市场监管与诚信信息系统基础数据库管理办法（试行）》。

9月30日 为深入贯彻落实党的十八大、十八届三中全会精神和党中央、国务院各项决策部署，适应中国特色新型城镇化和建筑业转型发展需要，紧紧围绕使市场在工程造价确定中起决定性作用，转变政府职能，实现工程计价的公平、公正、科学合理，为提高工程投资效益、维护市场秩序、保障工程质量安全奠定基础。解决工程建设市场各方主体计价行为不规范，工程计价依据不能很好满足市场需要，造价信息服务水平不高，造价咨询市场诚信环境有待改善等问题，住房和城乡建设部印发了《关于进一步推进工程造价管理改革的指导意见》（建标〔2014〕142号）。意见明确了到2020年，将健全市场决定工程造价机制，建立与市场经济相适应的工程造价管理体系；完成国家工程造价数据库建设，构建多元化工程造价信息服务方式；完善工程计价活动监管机制，推行工程全过程造价服务；改革行政审批制度，建立造价咨询业诚信体系，形成统一开放、竞争有序的市场环境；实施人才发展战略，培养与行业发展相适应的人才队伍的目标任务。

10月11日 为了提升工程造价管理机构技术骨干的业务素质，适应市场经济的发展，传承对造价管理机构人才培养的理念和做法，住房和城乡建设部标准定额司在天津理工大学管理学院举办首届工程造价管理机构技术骨干班，来自全国各省、自治区住房城乡建设厅，直辖市建委（建交委）的近60名学员参加学习。

10月18日～10月22日　中国建设工程造价管理协会组织中国代表团，出席了在意大利米兰召开的国际造价工程联合会（International Cost Engineering Council，简称ICEC）第九届世界大会，大会的主题是"重建工程的全面造价管理"。

10月30日　住房和城乡建设部标准定额研究所受标准定额司委托在北京召开了《建筑工程建筑面积计算规范》宣贯会，介绍了规范的发展历程、在工程造价中的作用、适用范围。重点讲了与《房产测量规范》的区别以及以后在修编过程中的协调问题，强调了其在建筑工程造价中的重要性，要求各地区、各行业做好《建筑工程建筑面积计算规范》的宣贯落实、解释答疑工作。各地区及有关行业工程造价管理机构负责此项工作的同志参加了宣贯会。

11月3日　为部署落实《住房城乡建设部关于进一步推进工程造价管理改革的指导意见》精神，住房和城乡建设部召开了全国工程造价管理改革工作会议。

住房和城乡建设部部长陈政高为改革作出重要批示，指出工程造价管理工作成效明显，还要进一步加大改革力度，健全市场决定工程造价机制，为提高投资效益、保障工程质量安全、维护建筑市场秩序提供支撑。副部长陈大卫在会议上发表了讲话，他指出在党中央、国务院的正确领导下，30多年来，我国工程造价管理工作紧密结合社会主义市场经济发展，注重汲取国外先进经验，不断深化改革，取得了积极成效。针对目前存在的市场决定工程造价机制不健全等问题，陈大卫要求，进一步深化工程造价管理改革要注重战略思考，把握正确方向，搞好总体谋划，精心研究协调，积极稳妥推进，处理好政府和市场、继承与创新、积极与稳妥、全国统一和因地制宜4个关系。陈大卫强调，《改革意见》明确了推进工程造价管理改革的指导思想、主要目标和任务措施，要按照"坚持解放思想、务实解决问题、加强组织领导、抓好基础工作"的要求，逐项抓好落实。

第三篇｜纪实篇｜

203

住房和城乡建设部标准定额司对《改革意见》的主要内容进行了详细解读，并就落实《改革意见》任务分工和完成时间作了说明。北京市住房城乡建设委员会相关负责人等8位代表进行了典型发言。住房和城乡建设部住房改革发展司等相关司局负责人，各省、自治区、直辖市住房和城乡建设主管部门、国务院有关部门相关司局相关负责人参加会议。

11月18日 国际造价工程师协会（AACE）前主席Stephen先生、下任候选主席Julie Owen女士、中国分会主席沈峰先生一行3人访问了中国建设工程造价管理协会，通过此次访问，加深了协会与AACE之间的联系和了解，期间达成多项合作意向，将为企业和会员提供更宽广的国际舞台。

11月27日 韩国测量师协会现任主席芸先生对中国建设工程造价管理协会进行友好拜访，双方对韩国测量师协会如何加入PAQS成为准会员进行深入商讨。

12月2日 为贯彻落实工程造价管理改革会议精神，加强对改革工作的宣传，住房和城乡建设部标准定额司印发了《关于编印工程造价管理改革工作动态的通知》（建标造函［2014］164号），建立工程造价管理改革工作通报制度。

● 2015年

1月16日 中国建设工程造价管理协会印发了《2015年工作要点》，提出2015年协会工作要点为：一、配合政府主管部门推进法制建设，积极完成部交办任务；二、继续完善相关标准规范，夯实技术基础；三、推进诚信体系建设，引导行业自律；四、加强人才队伍建设，适应改革发展要求；五、开展专项规划及课题研究，为决策提供支撑；六、开展信息化建设工作，提高会员服务质量；七、加强国际交流与合作，提升国际地位；八、做好秘书处自身建设，加强协会间交流。

1月22日 住房和城乡建设部标准定额司印发了《2015年工作要点》(建标综函〔2015〕11号),2015年标准定额工作的基本思路是:认真贯彻落实党中央、国务院的决策部署,及时适应新形势、新任务的要求,充分发挥标准定额对城乡建设的重要技术支撑作用,紧紧围绕部党组的统一部署,以推进标准体制改革和造价管理改革为动力,以完善工程建设标准体系和工程计价依据体系为重心,强化标准定额实施监督,切实转变作风,为新型城镇化的顺利推进提供支撑保障。

1月27日~1月28日 中国建设工程造价管理协会在重庆召开"工程造价信息化战略研究成果发布及研讨会"。会议目的是按照住房和城乡建设部《关于进一步推进工程造价管理改革的指导意见》要求,就做好工程造价信息化顶层设计以及BIM和大数据等现代信息技术对工程造价管理的影响进行研讨。

3月4日 为贯彻落实《住房城乡建设部关于进一步推进工程造价管理改革的指导意见》(建标〔2014〕142号),住房和城乡建设部组织修订了《房屋建筑与装饰工程消耗量定额》(编号为TY01-31-2015)、《通用安装工程消耗量定额》(编号为TY02-31-2015)、《市政工程消耗量定额》(编号为ZYA1-31-2015)、《建设工程施工机械台班费用编制规则》以及《建设工程施工仪器仪表台班费用编制规则》,自2015年9月1日起施行。

3月8日 住房和城乡建设部批准《建设工程造价咨询规范》(GB/T 51095-2015)为国家标准,自2015年11月1日起实施。

3月13日~3月14日 为使香港测量师学会会员在内地执业的过程中更好地了解内地造价咨询行业的标准、规范及有关管理制度,中国建设工程造价管理协会在深圳市举办了香港测量师学会会员互认为内地造价工程师继续教育培训班,共有159名互认合格及在内地执业的香港测量师学会会员参加了本次培训。

4月20日 住房和城乡建设部办公厅发布《关于甲级工程造价咨询企业资质审核有关事项的通知》，《通知》是为贯彻落实《住房城乡建设部关于进一步推进工程造价管理改革的指导意见》（建标〔2014〕142号）有关行政审批制度改革的要求，简化审批流程、提高审批效率而制定的，自2015年6月1日起执行。

5月6日 中国建设工程造价管理协会在江西省南昌市组织召开了工程造价咨询企业信用评价试点工作会议，正式启动信用评价试点工作。

6月16日~6月17日 在美国华盛顿国际货币基金组织（IMF）大厦举办的国际工料测量标准（ICM）联盟会议上，来自世界各地的30多个国家专业组织代表在联盟成立申明上签字，中国建设工程造价管理协会作为中国工程造价领域的权威组织，代表在同意加入联盟的声明上签字。

6月17日 "营改增"后计价依据调整座谈会在北京召开，会上北京造价处、湖北省建设工程标准定额站的相关负责同志介绍了建筑业"营改增"典型工程造价测算情况，上海市建筑建材业市场管理总站、四川省造价管理总站也分别介绍了"营改增"工作的开展情况。会议讨论了建筑业"营改增"后建设工程计价依据调整的方案。

6月25日 中国建设工程造价管理协会在湖北宜昌召开全国造价工程师继续教育与专业人员培养工作会议。来自各省、自治区、直辖市和有关部门负责造价工程师、造价员继续教育与管理工作的领导及相关人员近110人参加了本次会议。

7月10日 为加快转变政府职能，实现行业协会商会与行政机构彻底脱钩，促进行业协会商会可持续发展，根据部分行业协会商会存在的政会不分、管办一体、治理结构不合理、创新意识不强、作用发挥不够等问题，中央办公厅和国务院办公厅联合印发了《行业协会商会与行政机关脱钩总体方案》（中办发［2015］39号），要求各地区各部门结合实际认真贯彻执行。

7月15日～7月16日 国家标准《建设工程造价咨询规范》（GB/T 51095-2015）宣贯会议在北京召开。

7月25日 由中国建设工程造价管理协会、中华全国律师协会主办，湖南省律师协会承办的"工程造价鉴定与司法实践研讨会"在湖南省长沙市隆重举行。这是国内首次造价咨询行业与律师行业专业领域的跨界交流活动。来自全国的工程造价行业代表、律师行业代表、司法系统工作者300余人参加了本届盛会。通过本次工程造价专业人士和专业律师的现场跨界交流活动，既加深了双方对彼此专业的了解，又加强了两个行业专业人士之间的友谊和互信。同时，本次研讨会的顺利召开，也为今后造价工程师、律师团队和法院系统加强多边合作，更好地解决工程建设领域工程造价纠纷提供了相互合作与沟通的平台。

7月28～7月31日 为促进工程造价咨询企业做好核心人才培养工作，推动工程造价咨询企业提升核心竞争能力，中国建设工程造价管理协会在北京召开工程造价咨询企业核心人才培训与交流会议，来自各省、自治区、直辖市及有关部门工程造价咨询企业法定代表人或技术负责人近240人参加了会议。

8月24日 住房和城乡建设部、工商总局联合发布《建设工程造价咨询合同（示范文本）》（GF-2015-0212），自2015年10月1日起实施。原《建设工程造价咨询合同（示范文本）》（GF-2002-0212）同时废止。

9月7日 香港测量师学会何钜业会长率内地事务委员会来京，与部属有关对口团体进行交流座谈。座谈会在中国建设工程造价管理协会会议室举行。住房和城乡建设部计财外事司、监理协会、物业协会、房地产估价师学会等负责人出席会议。

9月8日 住房和城乡建设部标准定额司、标准定额研究所调研组先后赴上海、江苏，就两地工程造价管理机构建筑产业现代化、绿色建筑计价定额编制情况开展了工作调研。

9月21日 受住房和城乡建设部标准定额司委托，中国建设工程造价管理协会在北京组织召开《工程造价行业"十三五"规划（初稿）》审查会。标准定额司、中国建设工程造价管理协会的领导及审查专家及编制组成员参加会议。

9月22日~9月23日 住房和城乡建设部标准定额司、住房和城乡建设部标准定额研究所、中国建设工程造价管理协会部分人员组成调研组，赴成都市开展了工程量清单全费用综合单价调研活动。参会人员对推行清单全费用综合单价、研究要素价格指数调价法、关于做好绿色建筑计价依据编制工作、建设工程定额管理办法及营改增对计价规则的影响等议题进行了热烈的讨论，形成了初步意见。

10月15日 中国建设工程造价管理协会在北京举行了内地造价工程师与香港工料测量师互认补充协议签字仪式。本次"互认补充协议"的签订，对双方下一步继续推进互认工作及做好后续管理工作奠定了基础，同时也为两地专业人才流动提供了更多机会。

10月16日 国家标准《建设工程造价咨询规范》（GB/T 51095-2015）宣贯会在天津召开。来自全国各地及各个专业部门的160多名专业人士参加了宣贯会议。

10月19日 由住房和城乡建设部标准定额司主办，中国建设工程造价管理协会和天津理工大学管理学院协办的2015年工程造价管理机构技术骨干培训，在天津理工大学管理学院正式开课，来自全国近30个省、自治区住房城乡建设厅，直辖市建委等工程造价管理部门的近百名学员参加了培训。

10月20日 国家新闻出版广电总局印发《关于住房和城乡建设部首批学术期刊认定及整改意见的函》（新出报刊司［2015］569号），《工程造价管理》期刊被正式认定为学术期刊A类。

10月31日 首届全国高等院校工程造价技能及创新竞赛在江苏徐州（高职组）和天津（本科组）成功举办。共有来自全国170所院校500余名选手、300余名指导老师参加竞赛活动。

11月2日 内地与香港建筑业论坛在宁夏银川的国际交流中心举行。来自内地与香港建设主管部门、专业团体和企业界人士约400人共聚塞上湖城，共商"一带一路"的发展理念和未来特色城市建设发展之路。中国建设工程造价管理协会作为内地主要协办单位，委派代表和宁夏造价管理总站代表参加了本次盛会。

11月6日 中国建设工程造价管理协会在北京首都图书馆大礼堂召开《建设工程造价咨询合同（示范文本）》（GF-2015-0212）宣贯会议。新版合同示范文本的宣贯活动对进一步加强建设工程造价咨询市场管理、规范市场主体行为、维护造价咨询合同各方当事人合法权益有着重要的现实意义。

11月12日 为了促进企业交流，提高专业人才业务能力，提升行业整体素质，促进工程造价咨询行业共同发展，中国建设工程造价管理协会组织了第一期"企业开放日"活动。来自全国各地的造价咨询企业的董事长、总经理及企业负责人150余人分别参加了上海申元工程投资咨询有限公司、上海第一测量师事务所有限公司、江苏捷宏工程咨询有限责任公司、信永中和（北京）国际工程咨询管理公司开放日活动。

11月28日 高等学校工程管理和工程造价学科专业指导委员会2015年全体会议在云南昆明市召开。会议总结了"十二五"教材建设情况，研究了"十三五"教材建设规划，并对工程管理专业现状及未来发展进行了深入探讨。住房和城乡建设部人事司、高等学校工程管理和工程造价学科专业指导委员会委员、中国建筑工业出版社有关人员，相关企业代表参加会议。

12月25日 住房和城乡建设部印发了《建设工程定额管理办法》（建标〔2015〕230号），管理办法指出：各主管部门可通过购买服务等多种方式编制工程定额，提高定额编制的科学性、及时性；鼓励企业编制企业定额。同时明确，工程定额定位是国有资金投资工程编制投资估算、设计概算和最高投标限价的依据，对其他工程仅供参考。

12月31日 住房和城乡建设部印发了《关于工程造价管理改革任务落实情况的通报》（建办标函〔2015〕1204号）。通报指出按照住房和城乡建设部通知要求，各地住房城乡建设主管部门对工程造价管理改革各项任务措施的落实情况开展了自查，全国30个省（区、市）（除西藏外）均如期提交了自查报告。2015年11月，住房和城乡建设部在各地自查基础上，组成4个检查组，对浙江、云南、河北、内蒙古自治区、重庆、贵州、河南、陕西8省（区、市）进行抽查，共抽查了16个城市。

● 2016年

1月15日 为落实行政审批制度改革要求，简化审批流程，提高审批效率，住房和城乡建设部标准定额司印发《关于造价工程师注册审核有关事项的通知》（建标造函〔2016〕8号），进一步简化造价工程师注册审核的材料和流程。

1月20日《国务院关于取消一批职业资格许可和认定事项的决定》（国发

[2016] 5号）取消全国建设工程造价员资格。

1月26日 住房和城乡建设部标准定额司印发《2016年工作要点》（建标综函 [2016] 17号），2016年标准定额工作总体思路是：认真贯彻落实党的十八大和十八届三中、四中、五中全会精神，牢固树立创新、协调、绿色、开放、共享的发展理念，围绕住房城乡建设中心工作，继续完善工程建设标准和计价依据体系，加强工程造价咨询业监管，强化标准实施指导监督，推进体制机制创新，加强人员队伍建设，促进标准定额事业改革发展。

2月1日 为加强中国建设工程造价管理协会单位会员及个人会员的服务工作，规范会费的收支和管理，中国建设工程造价管理协会发布了《中国建设工程造价管理协会单位会员管理办法（试行）》《中国建设工程造价管理协会个人会员管理办法（试行）》及《中国建设工程造价管理协会会费管理办法（试行）》，于2016年1月1日起施行。

2月1日 中国建设工程造价管理协会印发了《2016年工作要点》（中价协 [2016] 12号）。2016年协会工作将贯彻落实党的十八大和十八届三中、四中、五中全会精神，牢固树立创新、协调、绿色、开放、共享的发展理念，适应经济发展新常态，继续完善工程计价依据体系，加强工程造价行业自律，推进体制机制创新，加强人员队伍建设，推动协会工作再上新台阶。

2月19日 为适应建筑业营改增的需要，在前期组织开展建筑业营改增对工程造价及计价依据影响的专题研究，并请部分省市进行测试，形成工程造价构成各项费用调整和税金计算方法的基础上，住房和城乡建设部办公厅印发《关于做好建筑业营改增建设工程计价依据调整准备工作的通知》（建办标 [2016] 4号）。通知明确了营改增后工程计价依据调整的计算公式，并请各地做好工程计价定额、价格信息等计价依据调整的准备工作。

3月2日 住房和城乡建设部办公厅发布《住房城乡建设部办公厅关于贯彻落实国务院取消相关职业资格决定的通知》（建办人〔2016〕7号），通知要求：各地区、各相关单位要认真贯彻落实《国务院关于取消一批职业资格许可和认定事项的决定》（国发〔2016〕5号）精神，停止开展与这些职业资格相关的评价、认定、发证等工作，也不得以这些职业资格名义开展培训活动。全国建设工程造价员资格取消后，住房和城乡建设部将与人力资源社会保障部共同研究完善工程造价专业技术人员管理的相关制度。

3月21日 为贯彻落实《国务院关于第二批取消152项中央指定地方实施行政审批事项的决定》（国发〔2016〕9号），住房和城乡建设部办公厅印发《住房城乡建设部办公厅关于做好取消甲级造价咨询企业资质和注册造价工程师执业资格初审事项的后续衔接工作的通知》（建办标〔2016〕10号），通知要求"在相关部门规章和规范性文件修订颁布之前，请各省级住房城乡建设主管部门受理企业资质和个人执业资格申报材料，暂按照现有申报途径报送我部，但不出具初审意见。"

3月23日 财政部、国家税务总局印发《关于全面推开营业税改征增值税试点的通知》（财税〔2016〕36号）。自2016年5月1日起，在全国范围内全面推开营业税改征增值税试点，建筑业、房地产业等全部营业税纳税人，纳入试点范围，由缴纳营业税改为缴纳增值税。

3月25日 中国建设工程造价管理协会主办、上海市建设工程咨询行业协会协办的"造价咨询企业国际化、规模化发展之路"座谈会在上海召开，来自全国的造价咨询企业的50余名董事长、总经理参加了座谈会。中国建设工程造价管理协会特邀请了同济大学丁士昭教授出席座谈会并做主题演讲。

3月28日　为确保国家出台的"营改增"政策顺利实施，中国建设工程造价管理协会受国家有关部门委托，组织造价行业内市场份额占比较大的软件企业召开了座谈会，会议主要商议针对建筑业"营改增"、推行全费用单价及人工费构成调整，以及工程计价软件的修改和定价等问题。各个软件公司为响应国家政策，均已进行了大量的准备工作，待部分地区主管部门配套政策明确，保证按照国家政策规定和时限完成软件的升级，并尽可能减免软件升级费用。

4月29日　中国建设工程造价管理协会委托四川省造价工程师协会在四川成都召开了"2016政府与社会资本合作（PPP）模式专题论坛"。论坛邀请了财政部PPP中心韩斌副主任、清华大学建设管理系王守清教授、四川大学商学院陈传教授、中国建筑总公司高级经理李君先生、建纬（北京）律师事务所谭敬慧主任以及天津理工大学管理学院尹贻林院长等业界顶尖专家做了主旨演讲。

5月20日　亚太区工料测量师协会（PAQS）第20届年会在新西兰基督城召开，来自全球14个国家，近500名代表参加了此次会议。会议的主题是"建设的未来-全球性的难题"（Building for the Future-a Global Dilemma）。为进一步提高我国工程造价行业在国际的影响力和地位，加强与国际工程造价组织间的交流与合作，应亚太区工料测量师协会（PAQS）年会组委会邀请，中国建设工程造价管理协会派出了代表团出席会议。

6月26日～7月3日　应国际成本工程师协会（AACE）的诚挚邀请，中国建设工程造价管理协会代表团参加了在加拿大多伦多召开的第60届AACE年会，会后赴美国开展工程造价管理相关课题研究。AACE第60届年会吸引来自全球100多个国家的近千名专业人士参会。大会组织来自全球各地的专业人士对改进项目管理、计划以及更有效的商业实践技术等内容进行探讨。

6月30日　由住房和城乡建设部标准定额司组织的工程造价管理处（站）长工作会议在京召开。会议主要总结2016年上半年工程造价管理工作，并提出下一步工作安排。标准定额司、标准定额研究所、中国建设工程造价管理协会等领导以及各省级有关工程造价管理处（站）主要负责同志参加会议。

7月26日　为满足科学合理确定建筑安装工程工期的需要，住房和城乡建设部发布了《建筑安装工程工期定额》，自2016年10月1日起执行。

8月4日　为贯彻落实国务院、住房和城乡建设部关于社会信用体系建设的工作部署，加快推进工程造价咨询行业信用体系建设，中国建设工程造价管理协会在北京组织召开工程造价行业信用评价工作会议，研究部署2016年度工程造价咨询企业信用评价工作。住房和城乡建设部标准定额司，商务部市场秩序司，中国建设工程造价管理协会的有关领导以及各省造价协会、中国建设工程造价管理协会专委会及部分省造价站的代表近100人出席了会议。

10月6日　应英国皇家测量师协会（RICS）邀请，中国建设工程造价管理协会代表团访问了RICS伦敦总部，双方就《中英工程造价管理比较研究》课题及《工料测量国际标准》，深入开展教育培训与企业合作等内容进行了交流和讨论。

10月24日　住房和城乡建设部标准定额司在天津举办了2016年工程造价管理站（处）长培训班，来自30个省、直辖市、自治区的工程造价管理部门近60名站（处）长参加了培训。住房和城乡建设部倪虹副部长出席了会议，并围绕深入学习贯彻中央城市工作会议精神以及推动工程造价管理改革等方面做出了重要讲话。本次培训课程邀请了国家发展和改革委员会投资司、国家财政经济建设司等领导结合当前工程造价业内热点问题进行了授课。

11月5日 中国建设工程造价管理协会第二届全国高等院校工程造价技能及创新竞赛在山东济南（高职组）和陕西西安（本科组）成功举办，来自全国各地工程造价和工程管理类院校的高职院校团队125个、本科院校团队102个，近700名选手、400余名指导老师参加了本次竞赛活动。

12月7日 中国建设工程造价管理协会第六届理事会第四次会议暨造价工程师执业资格制度建立20周年活动在京举行。会议由徐惠琴理事长主持，住房和城乡建设部标准定额司司长刘灿、副司长卫明，标准定额研究所副所长杨瑾峰、住房和城乡建设部干部学院副院长宋友春、民政部巡视员李波、国际造价工程联合会（ICEC）主席张达棠，以及参与造价工程师执业资格制度建立的人力资源社会保障部原司长刘宝英、住房和城乡建设部原总工程师陈重、标准定额司原司长徐义屏、中价协原理事长杨思忠、原秘书长马桂芝等老领导和全国各地300余名会员代表出席了会议。住房和城乡建设部原副部长齐骥以及国际造价工程联合会、亚太区工料测量师协会分别为大会发来贺信。

12月16日 人力资源社会保障部发布《国家职业资格目录清单公示》。拟列入职业资格目录清单151项。其中，专业技术人员职业资格58项，技能人员职业资格93项。涉及住房和城乡建设领域的专业技术人员职业资格9项，技能人员职业资格11项。根据公示清单，准入类清单中第12项职业资格是"造价工程师"，设定依据为《中华人民共和国建筑法》和《造价工程师执业资格制度暂行规定》。

12月23日 为贯彻落实《国务院办公厅关于大力发展装配式建筑的指导意见》（国办发〔2016〕71号）有关"制修订装配式建筑工程定额"的要求，住房和城乡建设部发布了《装配式建筑工程消耗量定额》，自2017年3月1日起执行。

12月27日 为贯彻落实《国务院办公厅关于清理规范工程建设领域保证金

的通知》（国办发［2016］49号）精神，规范建设工程质量保证金管理，住房和城乡建设部、财政部发布了《关于印发建设工程质量保证金管理办法的通知》（建质［2016］295号）。

● 2017年

1月17日 住房和城乡建设部标准定额司印发了《2017年工作要点》（建标综函［2017］20号），2017年标准定额工作总体思路是：认真贯彻落实党的十八大和十八届三中、四中、五中、六中全会精神，牢固树立创新、协调、绿色、开放、共享的发展理念，以贯彻落实中央城市工作会议精神为主线，按照全国住房城乡建设工作会议部署，加快工程建设标准定额改革步伐，建立科学合理、实施有力的新型标准体系，健全市场决定工程造价机制，为住房城乡建设事业发展提供有力技术支撑。

1月23日 住房和城乡建设部印发了《关于印发绿色建筑工程消耗量定额的通知》（建标［2017］28号）。

1月24日 为落实《中共中央国务院关于进一步加强城市规划建设管理工作的若干意见》，进一步完善我国建筑设计招标投标制度，促进公平竞争，繁荣建筑创作，提高建筑设计水平，住房和城乡建设部发布《建筑工程设计招标投标管理办法》（住房和城乡建设部令第33号），自2017年5月1日起施行。

2月24日 为贯彻落实《中共中央国务院关于进一步加强城市规划建设管理工作的若干意见》，进一步深化建筑业"放管服"改革，加快产业升级，促进建筑业持续健康发展，为新型城镇化提供支撑，国务院办公厅印发《关于促进建筑业持续健康发展的意见》（国办发［2017］19号），从七个方面对促进建筑业持续健康发展提出具体措施：一、深化建筑业简政放权改革；二、完善工程建设组织模式；三、加强工程质量安全管理；四、优化建筑市场环境；五、提高从业人员素质；六、推进建筑产业现代化；七、加快建筑业企业"走出去"。

3月15日 中国建设工程造价管理协会印发了《2017年工作要点》（中价协〔2017〕10号），提出了2017年协会工作要点：一、全面落实建筑业改革举措和有关部署；二、推进工程造价管理相关制度建设；三、加强行业诚信体系建设；四、依托信息化实现对会员提供精准服务；五、建立适应改革发展需要的人才培养新模式；六、继续扩大对外交流与合作；七、增强协会内部治理能力。

3月23日 为加快推进"互联网+"招标采购发展，国家发展改革委、工业和信息化部、住房和城乡建设部、交通运输部、水利部、商务部联合印发《"互联网+"招标采购行动方案（2017—2019年）》（发改法规〔2017〕357号），明确提出了六项主要任务：一、加快交易平台市场化发展；二、完善公共服务平台体系；三、创新电子化行政监管；四、实现互联互通和资源共享；五、强化信息拓展应用；六、完善制度和技术保障。

5月12日 为深入贯彻国务院《京津冀协同发展规划纲要》精神，加快推进京津冀建筑市场有效融合，全面落实住房和城乡建设部《关于进一步推进工程造价管理改革的指导意见》要求，消除京津冀工程造价管理的行政和技术壁垒，整合工程造价管理资源，构建共享的工程造价跨区域协同管理模式，逐步实现京津冀统一造价信息、统一计价依据、统一计价规则和方法，北京市住房和城乡建设委员会、天津市城乡建设委员会和河北省住房和城乡建设厅联合签订《推进京津冀工程计价体系一体化合作备忘录》。

6月20日 住房和城乡建设部、财政部印发《建设工程质量保证金管理办法》（建质〔2017〕138号）。为贯彻落实国务院关于进一步清理规范涉企收费、切实减轻建筑业企业负担的精神，规范建设工程质量保证金管理，住房和城乡建设部、财政部对《建设工程质量保证金管理办法》（建质〔2016〕295号）进行了修订，将建设工程质量保证金预留比例由5%降至3%。

7月24日 亚太区工料测量师协会（PAQS）第21届年会在加拿大温哥华顺利召开。中国建设工程造价管理协会（CECA）应邀派出代表团出席了本次会议。本次会议的主题为"绿色发展，新纪元"（Green Developments，The New Era），来自中国、加拿大、澳大利亚以及中国香港等会员国（地区）的代表共计400余人参加了大会。会议间隙，中国建设工程造价管理协会代表团受邀分别与澳大利亚工料测量师协会（AIQS）、新加坡测量师和估价师协会（SISV）、斯里兰卡工料测量师学会（IQSSL）代表进行了非正式友好会谈。

7月24日 住房和城乡建设部副部长易军会见了香港建筑师学会会长陈沐文一行。双方就建筑师全过程服务等议题进行了交流。住房和城乡建设部标准定额司、建筑市场监管司、法规司、人事司、计划财务外事司、执业资格注册中心、中国建筑学会负责人陪同参加了会谈。

7月28日 中国建设工程造价管理协会在北京召开工程造价纠纷调解委员会和纠纷调解中心成立大会。来自全国各省、自治区、直辖市造价管理协会和中国建设工程造价管理协会工作委员会的负责人，法律、咨询界的专家、学者近80人参会。住房和城乡建设部法规司、标准定额司、最高人民法院司改办、北京仲裁委员会、四川省造价工程师协会、中国房地产业协会调解中心相关领导出席会议并讲话。

8月1日 住房和城乡建设部印发《工程造价事业发展"十三五"规划》。该规划力图体现"创新、协调、绿色、开放、共享"的发展理念和"适用、经济、绿色、美观"建筑方针，提出了工程造价事业发展的指导思想、主要目标、发展理念和重点任务，是指导"十三五"时期工程造价改革发展的纲领性文件。

8月3日～8月7日 中国建设工程造价管理协会工程造价纠纷调解中心首届调解员培训班在最高人民法院多元化纠纷解决机制研究基地成功举办。来自全国各省、自治区、直辖市的造价工程师、律师等专家、学者近150名学员参加培训。

8月15日、8月19日 根据资格互认工作安排，中国建设工程造价管理协会与香港测量师学会分别在长春和在深圳举办执业资格互认培训班，使双方专业人员能够尽快掌握两地工程造价咨询领域的基本理论与操作方法，以及相关法律、法规等。内地128名通过资格预审的造价工程师参加了香港测量师学会在长春举办的培训班，香港测量师学会推荐的60名香港工料测量师参加了中国建设工程造价管理协会在深圳举办的培训班。

8月31日 住房和城乡建设部批准《建设工程造价鉴定规范》（GB/T 51262-2017）为国家标准，自2018年3月1日起实施。

9月12日 人力资源和社会保障部公布了《国家职业资格目录》，造价工程师进入《国家职业资格目录》36项准入类专业技术人员职业资格，由住房和城乡建设部、交通运输部、水利部和人力资源社会保障部共同实施。

9月14日 为贯彻落实《国务院关于印发"十三五"市场监管规划的通知》（国发〔2017〕6号）和《国务院办公厅关于促进建筑业持续健康发展的意见》（国办发〔2017〕19号），完善工程造价监管机制，全面提升工程造价监管水平，更好地服务建筑业持续健康发展，住房和城乡建设部印发了《关于加强和改善工程造价监管的意见》（建标〔2017〕209）。该意见指出：一、深化工程造价咨询业监管改革，营造良好市场环境；二、共编共享计价依据，搭建公平市场平台；三、明确工程质量安全措施费用，突出服务市场关键环节；四、强化工程价款结算纠纷调解，营造竞争有序的市场环境；五、加强工程造价制度有效实施，完善市场监管手段。

9月14日 澳大利亚工料测量师协会（AIQS）主席Peter Clack先生、首席执行官Grant Warner先生一行四人到访中国建设工程造价管理协会，中国建设工程造价管理协会（CECA）徐惠琴理事长及相关负责人员参加了会见。在两协会未来发展方面，双方进行了深层次的探讨，并达成一系列重要共识。双方还就"合作备忘录（MOU）"的签署意见达成一致，并举行了签字仪式。

9月22日 国务院决定取消40项国务院部门实施的行政许可事项和12项中央指定地方实施的行政许可事项，其中工程咨询单位资格认定被正式取消。

9月22日~9月24日 首届粤港澳大湾区大型基建项目管理创新高峰会在佛山召开，峰会以"开放合作创新发展"为主题，就以工程造价为核心的全过程工程咨询、大型基础设施的BIM应用、中港工程造价专业服务的差异、数字建筑等方面进行了探讨。住房和城乡建设部标准定额司领导出席峰会并作重要讲话，广东省住房和城乡建设厅领导致辞，香港测量师学会、湾区内九市造价站站长、主办单位协会会长连同广州、深圳、珠海、东莞、佛山等代表共400余人参加了本次峰会。

10月30日 住房和城乡建设部、工商总局发布《关于印发建设工程施工合同（示范文本）的通知》（建市［2017］214号）。为规范建筑市场秩序、维护建设工程施工合同当事人的合法权益，住房和城乡建设部、工商总局对《建设工程施工合同（示范文本）》（GF-2013-0201）进行了修订，制定了新版《建设工程施工合同（示范文本）》（GF-2017-0201）。新文本为非强制性使用文本，适用于房屋建筑工程、土木工程、线路管道和设备安装工程、装修工程等建设工程的施工承发包活动。

11月2日 住房和城乡建设部在重庆组织召开了"互联网+"工程造价信息服务专题研讨会，住房和城乡建设部标准定额司、标准定额研究所，重庆、北京、广东等省市造价管理机构及重庆市建设、施工、造价咨询和软件企业代表共计30余人出席了会议。

11月6日 住房和城乡建设部陆克华副部长会见了香港测量师学会会长何国钧一行。双方就两地业界共同参与"一带一路"建设、发挥各自优势联手走出去以及有关开放措施等合作事项进行了交流。

11月18日 第三届全国高等院校工程造价技能及创新竞赛在四川成都（本科组）和北京（高职组）成功举办，来自全国各地工程造价和工程管理类院校的高职院校团队111个、本科院校团队126个，700余名选手、400余名指导老师参加了本次竞赛活动。

11月30日 为贯彻落实《国务院办公厅关于进一步激发民间有效投资活力促进经济持续健康发展的指导意见》（国办发［2017］79号）要求，鼓励民间资本规范有序参与基础设施项目建设，促进政府和社会资本合作（PPP）模式更好发展，提高公共产品供给效率，加快补短板建设，充分发挥投资对优化供给结构的关键性作用，增强经济内生增长动力，国家发展改革委印发了《关于鼓励民间资本参与政府和社会资本合作（PPP）项目的指导意见》（发改投资［2017］2059号）。

12月1日 为依法确定和巩固营改增试点成果，进一步稳定各方面预期，国务院公布了《国务院关于废止〈中华人民共和国营业税暂行条例〉和修改〈中华人民共和国增值税暂行条例〉的决定》（国务院令第691号），决定废止营业税暂行条例，同时对增值税暂行条例作相应修改。

12月23日 住房和城乡建设部在京召开全国住房城乡建设工作会议。住房和城乡建设部党组书记、部长王蒙徽全面总结了五年来住房城乡建设工作，并提出下一阶段工作重点：一、深化住房制度改革；二、抓好房地产市场分类调控；三、全面提高城市规划建设管理品质；四、加大农村人居环境整治力度；五、加快推动建筑产业转型升级；六、不断加强党的建设。对工程造价管理工作提出：深化建筑业改革，完善工程建设组织模式，大力推行工程总承包和全过程工程咨询。

● **2018年**

1月9日　为深入贯彻落实党的十九大精神，推进绿色发展，全面推进园林绿化建设，满足人民日益增长的优美生态环境需要，建设美丽中国，住房和城乡建设部批准发布《全国园林绿化养护概算定额》，编号为ZYA2（Ⅱ-21-2018），自2018年3月12日起正式实施。

1月17日　按照全国住房城乡建设工作会议有关部署，深入推进工程造价"放管服"改革，住房和城乡建设部办公厅印发《2018年工程造价计价依据编制计划和工程造价管理工作计划》（建办标函〔2018〕35号）。

1月22日　住房和城乡建设部标准定额司印发了《2018年工作要点》（建标综函〔2018〕11号）。2018年，标准定额工作的总体思路是：全面贯彻落实党的十九大精神，以习近平新时代中国特色社会主义思想为指导，坚持新发展理念，围绕住房城乡建设中心工作，继续完善工程建设标准和计价依据体系，加强工程造价咨询业监管，强化标准实施指导监督，大力推动中国工程标准国际化，加强人员队伍建设，为新时代住房城乡建设事业发展提供有力技术支撑。

3月21日　中国建设工程造价管理协会第七次会员代表大会暨七届一次理事会在北京召开。会议审议通过了第六届理事会工作报告和财务报告，表决通过了《中国建设工程造价管理协会章程》《会员管理办法》《个人会员管理办法》和《会费管理办法》。选举产生了杨丽坤同志为理事长的第七届理事会及常务理事会。会议同时产生了第七届监事会和理事会副秘书长人选。

3月27日~3月29日 应香港测量师学会邀请，以中国建设工程造价管理协会原理事长徐惠琴为团长、40余位已取得互认资格的资深会员组成的代表团赴港交流访问。代表团先后参观了香港特别行政区房屋委员会（房屋署）总部、AECOM（艾奕康）公司以及RLB（利比）公司香港总部，前往安达臣道安泰邨的租住公屋建筑工地实地考察，并参加了造价工程师与香港工料测量师第三批资格互认颁证仪式。

4月2日 中国建设工程造价管理协会印发了《2018年工作要点》（中价协〔2018〕12号），提出了2018年协会工作要点：一、配合政府有关部门，落实工程造价管理改革和规划；二、完善相关团体标准，引导和规范执业行为；三、加强诚信体系建设，提升行业公信力；四、创新会员服务形式，提升会员服务质量；五、开展纠纷调解工作，拓展造价事业发展空间；六、加强国际交流与合作，提升国际影响力；七、健全人才培养机制，提升行业整体素质；八、以党建引领发展，提升行业内生动力。

4月9日 住房和城乡建设部办公厅印发《关于调整建设工程计价依据增值税税率的通知》（建办标〔2018〕20号）。按照《财政部 税务总局关于调整增值税税率的通知》（财税〔2018〕32号）要求，将《住房城乡建设部办公厅关于做好建筑业营改增建设工程计价依据调整准备工作的通知》（建办标〔2016〕4号）规定的工程造价计价依据中增值税税率由11%调整为10%。要求各地区、各部门按照通知要求，组织有关单位于2018年4月底前完成建设工程造价计价依据和相关计价软件的调整工作。

4月10日 为落实《国务院办公厅关于促进建筑业持续健康发展的意见》（国办发〔2017〕19号）的文件精神，指导工程造价咨询企业开展全过程工程咨询服务，中国建设工程造价管理协会在北京召开了全过程工程咨询研讨会。参会代表针对工程造价咨询企业开展全过程咨询的优势、业务路径以及遇到的问题进行了充分讨论。

4月23日 住房和城乡建设部标准定额研究所在北京组织召开了工程造价监测工作推动会。会议介绍了工程造价监测系统和工程造价监测手机应用软件的功能和操作方法。对于数据来源、收集流程、真实性等问题，会议讨论提出了与住房和城乡建设部"四库一平台"联动，整合企业资质、人员资格信息，与企业诚信评价挂钩，整合计价软件等建议。工程造价数据监测逐步推进将为造价咨询业的事中和事后监管，建立市场价格监测和预警机制，宏观决策提供支持。

6月4日 英国皇家特许测量师协会（RICS）大中华区董事总经理Pierpaolo Franco先生一行，对中国建设工程造价管理协会进行礼节性拜访。中国建设工程造价管理协会杨丽坤理事长及协会相关负责外事的同志出席会议。双方一致认为，在我国"一带一路"战略背景下，在政府推行"全过程咨询"和"工程总承包"模式的进程中，希望通过对国内外工程项目造价管理的案例对比研究，对比分析中国造价工程师与英国工料测量师的执业范围及能力，学习借鉴先进方法，促进双方深入合作，共同发展。

6月15日 住房和城乡建设部标准定额司组织召开了工程造价改革座谈会。易军副部长出席会议并与会议代表就如何推进工程造价管理改革、更好发挥市场决定性作用进行了深入交流。会议代表还对计价依据如何适应市场需要，更好的服务服务工程总承包和全过程造价管理，如何信息化手段创新计价依据编制方法，如何完善工程建设计价标准体系，工程造价管理机构如何改革发展，工程造价咨询企业如何做大做强等问题进行了深入讨论，提出了建议。

7月20日 根据《国家职业资格目录》，为统一和规范造价工程师职业资格设置和管理，提高工程造价专业人员素质，提升建设工程造价管理水平，住房和城乡建设部、交通运输部、水利部、人力资源和社会保障部印发《造价工程师职业资格制度规定》《造价工程师职业资格考试实施办法》（建人〔2018〕67号），文件将造价工程师分为一、二级，将考试专业增设为土木建筑工程、交通运输工程、水利工程和安装工程4个专业类别。按照职责分工，土木建筑工程和安装工程两个专业由住房和城乡建设部负责；交通运输工程专业由交通运输部负责；水利工程专业由水利部负责。

7月23日~7月24日 住房和城乡建设部会同贵州省人民政府、香港特别行政区政府发展局主办的2018内地与香港建筑论坛在贵阳举行。论坛以"融入国家发展大局、促进建筑业高质量发展"为主题，全体与会代表紧紧围绕建筑规划设计和项目管理、建筑科技创新与传承、装配式建筑和绿色建筑、利用"一带一路"及粤港澳大湾区机遇拓展合作等议题，进行了深入研讨。同时，贵州省住建厅与香港特区政府发展局签署了黔港建设领域合作意向协议。

10月25日 中国建设工程造价管理协会在湖北省武汉市召开第七届理事会第二次常务理事会议，回顾总结第七届理事会成立半年来所开展的主要工作，深入分析行业面临的形势和问题，研究协会的有关工作。会议审议并通过了"关于撤销对外专业委员会议案""关于成立工程造价纠纷调解中心和任命主要负责人议案"以及《中价协工作人员考核管理办法》（修正草案）。

11月12日 韩国驻中国大使馆及大韩民国调达厅设施事业局一行12人到中国建设工程造价管理协会进行访问。会谈中，双方就各自国别上工程建设领域制度规则和工程计价管理模式的现状和异同进行了交流，并就招标主体、招标方式、价格确定等共同感兴趣的话题进行了深入讨论。

11月17日 由中国建设工程造价管理协会主办的第四届全国高等院校工程造价技能及创新竞赛在广州（高职组）和杭州（本科组）举行，来自全国各地工程造价和工程管理类院校的106所本科院校、86所高职院校，近

600名选手、300余名指导老师参加了本次竞赛活动。

11月15日~11月20日 第11届国际工程造价联合会（ICEC）暨第22届亚
太区工料测量师协会（PAQS）大会在澳大利亚悉尼市举行。中国建设工
程造价管理协会作为ICEC和PAQS两大国际工程造价专业组织的正式成
员，由杨丽坤理事长率团出席会议。本次大会主题为"从起步到繁荣—
动态变化的建筑环境"（Grassroots to Concrete Jungle- Dynamics in
the Built Environment）。会议期间，中国建设工程造价管理协会代表参
加了ICEC理事会会议、PAQS青年组会议、PAQS教育与互认委员会会
议、PAQS理事会会议和ICEC-PAQS大会。大会促进了世界各国工程造
价专业人士的交流，进一步提升了我国工程造价咨询行业在国际工程造
价专业组织中的影响力。

12月24日 全国住房和城乡建设工作会议在北京召开。住房和城乡建设
部党组书记、部长王蒙徽全面总结了2018年住房和城乡建设工作，分析
了面临的形势和问题，并提出了2019年工作总体要求和重点任务：一、
以稳地价稳房价稳预期为目标，促进房地产市场平稳健康发展；二、以
加快解决中低收入群体住房困难为中心任务，健全城镇住房保障体系；
三、以解决新市民住房问题为主要出发点，补齐租赁住房短板；四、以
提高城市基础设施和房屋建筑防灾能力为重点，着力提升城市承载力和
系统化水平；五、以贯彻新发展理念为引领，促进城市高质量建设发
展；六、以集中力量解决群众关注的民生实事为着力点，提升城市品质；
七、以改善农村住房条件和居住环境为中心，提升乡村宜居水平；八、
以发展新型建造方式为重点，深入推进建筑业供给侧结构性改革；九、
以工程建设项目审批制度改革为切入点，优化营商环境；十、以加强党
的政治建设为统领，为住房和城乡建设事业高质量发展提供坚强政治保
障。对工程造价管理工作提出：深化工程招投标制度改革，加快推行工
程总承包，发展全过程工程咨询。

12月29日 最高人民法院印发《关于审理建设工程施工合同纠纷案件适用法律问题的解释（二）》，自2019年2月1日起施行。《司法解释（二）》共26条，其中16条与工程价款结算、建设工程造价鉴定、建设工程价款结算等工程造价管理工作相关。

● 2019年

1月20日 为更好地发挥工程造价咨询服务在解决建设领域经济纠纷的作用，帮助会员企业及时学习《最高人民法院关于审理建设工程施工合同纠纷案件适用法律若干问题的解释（二）》的新要求，中国建设工程造价管理协会在北京京林大厦举办专题培训班。此次培训，提高了工程造价从业人员解决造价咨询业务中面临具体法律问题的能力，同时搭建了造价行业与司法部门互动的平台。

3月1日 住房和城乡建设部、人力资源社会保障部印发《建筑工人实名制管理办法（试行）》，适用于房屋建筑和市政基础设施工程。《办法》明确：实施建筑工人实名制管理所需费用可列入安全文明施工费和管理费。

3月15日 为深化投融资体制改革，提升固定资产投资决策科学化水平，进一步完善工程建设组织模式，提高投资效益、工程建设质量和运营效率，国家发展改革委、住房和城乡建设部印发《关于推进全过程工程咨询服务发展的指导意见》（发改投资规〔2019〕515号）。在房屋建筑和市政基础设施领域推进全过程工程咨询服务发展提出如下意见：一、充分认识推进全过程工程咨询服务发展的意义；二、以投资决策综合性咨询促进投资决策科学化；三、以全过程咨询推动完善工程建设组织模式；四、鼓励多种形式的全过程工程咨询服务市场化发展；五、优化全过程工程咨询服务市场环境；六、强化保障措施。

3月26日 住房和城乡建设部办公厅印发《关于重新调整建设工程计价依据增值税税率的通知》（建办标函〔2019〕193号）。按照《财政部 税务

总局 海关总署关于深化增值税改革有关政策的公告》（财政部 税务总局 海关总署公告2019年第39号）规定，将《住房城乡建设部办公厅关于调整建设工程计价依据增值税税率的通知》（建办标〔2018〕20号）规定的工程造价计价依据中增值税税率由10%调整为9%。

4月11日 住房和城乡建设部标准定额司在湖北省召开工程造价市场化改革调研座谈会。会上，湖北省部分企业就自身在工程造价管理市场化、国际化、信息化等方面的工作现状做了详细的介绍，肯定了工程造价市场化改革的优点，同时也提出了实施过程中遇到的问题及相关的改进建议。比较突出的问题有合同中的无限风险条款、压价招标中的最高限价、多层重复审计以及部分市场价格信息不全面及时等。

4月23日 第十三届全国人民代表大会常务委员会第十次会议通过了《关于修改〈中华人民共和国建筑法〉等八部法律的决定》。

5月 为全面贯彻落实党中央关于多元化纠纷解决机制改革的总体部署，中国建设工程造价管理协会调解中心与中卫仲裁委员会签署了《关于推进建设工程造价纠纷调解与仲裁对接的战略合作协议》，双方将在业务交流、案件对接、技术支持、仲裁员和调解员的互聘等方面开展全方位深度合作，积极探索适合我国国情的工程造价纠纷的调解与仲裁对接的模式，专业、快捷、高效地将化解矛盾纠纷，推进行业自治，促进社会和谐。

5月22日 住房和城乡建设部办公厅印发《关于北京市住房和城乡建设委员会工程造价管理市场化改革试点方案的批复》（建办标函〔2019〕324号），同意北京市住房和城乡建设委员会开展工程造价管理市场化改革试点。北京市此次工程造价管理市场化改革主要以市场化、信息化、法制化和国际化为导向，坚持规范建筑市场秩序、保障工程质量安全、提高政府投资效益原则，深化工程造价管理供给侧结构性改革，减少政府对市场形成造价的微观干预，完善"企业自主报价，竞争形成价格"机制，更好地发挥政府在宏观管理、公共服务和市场监管方面的作用。通过改革试点，提高工程造价咨询企业和从业人员市场化和国际化咨询服务能力，促进工程造价行业持续健康发展。

5月28日 2019中国国际大数据产业博览会"数字造价·引领未来——建设工程数字经济论坛"在贵阳国际生态会议中心成功举办。本次论坛经中国国际大数据产业博览会执委会授权，由中国建设工程造价管理协会、贵州省住房和城乡建设厅联合承办，是"数字造价"首次亮相于国家级博览会。论坛以"数字造价·引领未来"为主题，通过聚合"政产学研用"行业要素，探讨建设工程数字经济发展方向，促进建设工程造价行业数字化优化升级，为来宾呈现一场以"建筑业工程经济数字化发展趋势"为主题的思想盛宴。贵州省住房和城乡建设厅、中国建设工程造价管理协会、住房和城乡建设部标准定额研究所领导分别致辞，住房和城乡建设部标准定额司造价处有关领导出席会议。

6月 应国际工程造价促进协会（Association for the Advancement of Cost Engineering，AACE）邀请，中国建设工程造价管理协会率代表团赴美国参加"全寿命期工程造价管理"调研活动。此次国际调研行程紧凑、内容丰富，主要参加了"美国全面成本管理体系（TCM）""美国政府工程全过程咨询及信息化平台""美国全过程工程咨询服务内容"等交流培训和业务探讨活动。此外，代表团还应邀访问洛杉矶交通局等业务相关单位，深入了解美国公共交通基础设施项目管理的做法和经验。

6月16日~6月19日 国际工程造价促进协会（简称AACE）在美国路易斯安娜州新奥尔良市召开2019年度全球峰会。中国建设工程造价管理协会率代表团受邀出席本届全球峰会。本届峰会主旨为："专业发展、全球视角、建立联系、体现价值、获得灵感"。所涉及主要内容包括：项目管理、建筑信息模型（BIM）、索赔和争议解决、策划和进度计划、成本和进度控制、概预算、赢得值管理、决策和风险管理、成本工程技能和知识、全面成本管理（TCM）、专业发展、软件演示等。

6月19日~6月20日 为推进工程造价市场化、国际化、信息化和法制化改革，研究推进工程造价管理改革的具体建议措施，住房和城乡建设部在北京召开工程造价管理改革措施起草会。住房和城乡建设部易军副部长出席会议并与会议代表就如何推进工程造价管理改革进行了深入交流。

8月23日~8月27日 应泛太平洋工料测量师协会的邀请，作为PAQS会员国代表，中国建设工程造价管理协会代表团一行16人赴马来西亚沙捞越州首府古晋市参加第二十三届PAQS理事会及其国际专业峰会。本届专业峰会的主题为"新兴科技所体现的人类智慧"。本次专业峰会交流的专业论文主要分为四个方面，一是有关引领行业未来发展的论文；二是与工程造价相关的新兴技术类论文；三是以人类智慧为主题的论文；四是与工程造价可持续性发展相关联的论文。